Food and Agriculture
Organization of the
United Nations

粮食和农业中
抗微生物药物耐药性管理

谷 红 等 译著

中国农业科学技术出版社

图书在版编目（CIP）数据

粮食和农业中抗微生物药物耐药性管理 / 谷红等译著. -- 北京 : 中国农业科学技术出版社, 2024. 11.

ISBN 978-7-5116-7160-8

Ⅰ. TS201.6

中国国家版本馆 CIP 数据核字第 2024UW5805 号

责任编辑 穆玉红
责任校对 马广洋
责任印制 姜义伟　王思文

出 版 者 中国农业科学技术出版社
北京市中关村南大街 12 号　　邮编：100081
电　　话（010）82106626（编辑室）（010）82109702（发行部）
（010）82109709（读者服务部）
网　　址 https://castp.caas.cn
经 销 者 各地新华书店
印 刷 者 北京建宏印刷有限公司
开　　本 210 mm × 297 mm　1/16
印　　张 4
字　　数 120 千字
版　　次 2024 年 11 月第 1 版　2024 年 11 月第 1 次印刷
定　　价 19.90 元

本书译者

主 译 著　谷 红

副主译著　王鹤佳　张纯萍　崔明全

参与译者　（按姓氏笔画排列）

白玉惠　李 洁　李 霆

赵 琪　程 敏

审 校　尹 晖　马 苏

引用格式要求：

FAO. 2024. *Tackling antimicrobial resistance in food and agriculture.* Rome. https://doi.org/10.4060/cc9185en

ISBN 978-92-5-138507-4

目 录

图　示

致　谢

联合国粮农组织衷心感谢为编制联合国粮农组织第一份抗微生物药物耐药性报告作出贡献的所有人员，特别是以下诸位。

联合国粮农组织 / 世卫组织人兽共患病和抗微生物药物耐药性联合中心首席兽医官 Keith Sumption 和联合国粮农组织抗微生物药物耐药性协调员 Song Junxia 代表联合国粮农组织抗微生物药物耐药性领导层感谢所有参与编写人员的指导和支持。

总部和各区域办事处的联合国粮农组织 AMR 工作组，包括以下官员在审查过程中提供的宝贵意见：Daniel Beltran-Alcrudo, Carmen Bullon, Sarah Cahill, Marisa Caipo, Domingo Caro III, Mark Caudell, Giuliano Cecchi, Myeongsin Choi, Alejandro Dorado Garcia, Mary Joy Gordoncillo, Kim Jieun, Simon Funge Smith, Francesca Latronico, Rodolphe Mader, Koen Mintiens, Nelea Motriuc, Scott Newman, Irene Ouoba, Jorge Pinto Ferreira, Tipparat Pongthanapanich, David Sutherland, Tenaw Tadege, and Yu Qiu.

联合国粮农组织报告起草小组：Huyam Salih、Antonio Valcarce、Fallon Bwatu Mbuyi、Cai Chang、Samuel Muriuki、Song Junxia 和 Ian Grubb。感谢设计团队 Claudia Ciarlandini 和 Giada Semeraro 以及 Poilin Breathnach 在起草和出版过程中的技术支持。

缩略语

ACT	抗微生物药物耐药性文本法典支持实施行动
AHI	动物卫生研究所
AMR	抗微生物药物耐药性
AMU	抗微生物药物使用
AST	抗微生物药物敏感性试验
FAO-ATLASS	联合国粮农组织实验室和抗微生物药物耐药性监测系统评估工具
CJWZ	联合国粮农组织 / 世卫组织人畜共患病和抗微生物药物耐药性联合中心
CODEX	食品法典
FAO	联合国粮食及农业组织（联合国粮农组织）
FAVA	亚洲兽医协会联合会
IACG	联合国机构间特设抗微生物药物耐药性协调小组
InFARM	联合国粮农组织抗微生物药物耐药性监测平台
IPC	预防感染和控制
IT	信息技术
IZSLT	意大利体育协会
M&E	监测和评估
MPTF	多伙伴信托基金
MUL	同一健康多边资助计划
PMP	渐进管理途径
PPP	公私合作
PTAST	抗微生物药物敏感性试验能力比对
RAP	亚洲及太平洋区域办事处
RLC	拉丁美洲和加勒比区域办事处
ROI	投资回报率
TISSA	抗微生物药物耐药性和抗微生物药物使用综合监测系统
TrACSS	跟踪抗微生物药物耐药性国家自我评估调查
UNEP	联合国环境规划署（联合国环境署）
WAAW	世界抗微生物药物认识周
WHO	世界卫生组织（世卫组织）
WOAH	世界动物卫生组织

前言
——副总干事

全世界持续面临全球粮食安全日益严峻的挑战。这凸显了需要使全球农业食品系统更具弹性、可持续性，并能够实现相关的可持续发展目标。联合国粮农组织的《2022—2031年战略框架》及其四个更好的目标——更好的生产、更好的营养、更好的环境和更好的生活，不让任何人掉队——正在指导我们实现这一转型。

抗微生物药物在治疗水生和陆生食用动物以及作物疾病方面发挥着至关重要的作用。它们为生产性和可持续的农业食品系统作出了贡献，为世界各地依赖它们的无数生计提供了支持。然而，当过度使用或误用抗微生物药物时，会导致抗微生物药物耐药性（AMR）的增加。

“无声”AMR流行是世界面临的全球挑战之一，可能危及人类和动物健康福利成果、环境、粮食和营养安全、经济增长和发展。抗微生物药物耐药性影响着世界各地的每个人，2019年全球至少有130万人因AMR死亡，500万人死亡与AMR相关。值得重视的是，在南半球发展中国家因耐药性导致的全年龄死亡率最高。

因此，抗微生物药物耐药性不是“第一世界问题”，而是联合国粮农组织全体成员必须共同面对的问题。考虑到全球销售的抗微生物药物中估计有70%或更多用于食品生产动物，农业食品系统转型在解决AMR方面可以作出的关键贡献变得显而易见。

解决AMR问题的紧迫性日益增加，联合国粮农组织很荣幸能够与我们的许多合作伙伴，包括四方组织其他成员：联合国环境规划署（UNEP）、世界卫生组织（WHO）和世界动物卫生组织（WOAH）合作，领导农业食品部门来应对AMR工作。我们正在以多部门的“同一健康”方针而共同努力，支持各国制定和实施AMR国家行动计划。

报告重点介绍了联合国粮农组织在粮食和农业部门应对抗微生物药物耐药性工作方面的诸多贡献，包括我们与合作伙伴和利益相关方的合作，以及我们整个组织工作人员的不懈努力。本报告还表达了联合国粮农组织对支持实施《全球AMR行动计划》的承诺。

报告还展示了我们如何通过开发创新工具和提供技术援助，在各国应对粮食和农业部门抗微生物药物耐药性多重挑战时发挥作用。然而，我们也认识到，需要做更多的工作来生成全面和强有力的证据，制定和实施干预措施，以减少对抗微生物药物的需求，确保强有力和有效的治理，调动足够的政治资源，确保行动的可持续性。

联合国粮农组织仍然坚定地致力于应对这些挑战，以便在未来几年将抗微生物药物耐药性的发展和传播降至最低。

Maria Helena Semedo

Deputy Director-General

内容提要

联合国粮农组织（以下简称为 FAO）领导全球应对粮食和农业领域 AMR 问题，并以 FAO《2021—2025 年抗微生物药物耐药性行动计划》为指导。这份 FAO 应对全球 AMR 的首份报告概述了 FAO 2020—2022 年在全球、区域和国家层面开展的广泛活动。尽管这份报告的时间范围为 2021—2022 年，但有必要使用之前的一些信息作为参考。

FAO 与主要合作伙伴共同开展了解决粮食和农业部门 AMR 问题的工作，尤其是与 UNEP、WHO 和 WOAH 的四方合作。四方组织以 2022 年发布的第一个正式战略框架为指导（FAO、WHO、WOAH 和 UNEP，2022），开展四方（在 UNEP 于 2022 年 3 月正式加入合作之前是三方）的联合工作，同时制定了两年工作计划，且与 2015 年通过的《全球 AMR 行动计划》（WHO，2015）保持一致。

四方支持的主要举措包括多伙伴信托基金，该基金目前正在 10 个国家推进针对 AMR 的行动，此外还有几项全球活动。全球层面的活动包括支持由政治领导人和专家组成的 AMR 全球领导小组，需要大力开展全球合作，为应对 AMR 问题和 AMR 多方利益相关方伙伴关系平台提供建议。该平台采用全球性、自愿和包容性的协调机制，汇集了民间和私营团体、政府、国际和区域组织的利益相关方以及慈善捐助者。

FAO 还与美国国际开发署（美援署）、大不列颠及北爱尔兰联合王国弗莱明基金、韩国 ACT 项目、欧洲联盟、双边合作伙伴、学术界（尤其是 8 个 FAO 的 AMR 参考中心）[1] 以及专业和民间社会组织合作开展 AMR 工作。

FAO 应对 AMR 措施的贡献是 FAO“同一健康”计划重点领域的一部分，其重点是支持各国在“同一健康”原则下制定和实施粮食和农业部门 AMR 国家行动计划。2020—2021 年最新跟踪 AMR 国家自我评估调查数据表明，尽管大多数国家已经制定了国家 AMR 行动计划，并建立了多部门治理机制，但很少有国家拥有专项自有资金或涉及所有“同一健康”部门的综合实施方法 [2]。

大多数国家通过制定法律框架的形式来应对粮食和农业部门的 AMR，例如动物用抗菌药的处方和销售、抗菌药的营销以及禁止使用抗菌药促进动物生长的法律或法规。然而，这些框架的范围和全面性差异很大，在许多情况下执行机制薄弱。与此同时，在有效开展 AMR 监测、提高认识和预防控制感染方面，许多国家在粮食和农业领域仍然缺乏足够的能力和基础设施，以及足够的资金来执行国家行动计划。

[1] 在编写报告时，正在指定另一个中心 .

[2] WHO. 2021. 全球追踪微生物耐药性国家自我评估调查（TrACSS）数据库。瑞士日内瓦。https://amrcountryprogress.org

认识到这些关键挑战，FAO 应对 AMR 具体工作侧重于开发兼顾全球、区域和国家层面使用的工具，并为实施国家 AMR 行动计划的国家提供量身定制的技术支持。主要工具和举措包括如下。

- 23 个国家使用了 AMR 渐进管理方式，逐步管理农业和食品系统中的抗微生物药物和 AMR，制定国家 AMR 行动计划，或强化其实施。
- FAO 国际 AMR 监测平台，旨在支持农业食品部门 AMR 数据的生成、共享和分析，目前正在国家层面开展试点工作。
- 2021—2022 年，28 个国家使用 FAO 实验室和 AMR 监测系统评估工具（FAO-ATLASS）。
- 国际标准的实施，例如 FAO 和 WHO 关于食源性 AMR 的食品法典标准。
- 即将出台的“减少农业食品系统中对抗微生物药物的需求”倡议，致力于减少抗菌药的使用需求，并促进全球农业食品系统谨慎和负责任地使用抗微生物药物，并推广良好做法。
- AGRIWASH，一种评估感染预防和控制实施情况的工具，包括水、个人卫生、环境卫生和废水管理等。

迄今为止，FAO 已直接支持非洲、亚洲、欧洲、拉丁美洲及加勒比等 47 个国家在粮食和农业部门开展的应对 AMR 相关活动。本报告重点介绍了 FAO 在《FAO 应对 AMR 行动计划》五大目标下，全球、区域和国家层面开展的应对 AMR 相关活动，其中包括 8 个案例研究，详细阐述了 FAO 在各国主题领域开展的 AMR 相关工作。

粮食和农业部门的 AMR 应对措施需要更多更好的证据，更知情、更广泛的干预措施来减少 AMR 的威胁，需要更多的资源、更强的能力和更强有力的治理，以确保利益相关者的有效参与，以及基于“同一健康”原则的持续承诺和行动，在国家层面减少抗微生物药物的使用。

报告概述

- 介绍 FAO 在全球 AMR 治理中的作用。
- 概述国家行动计划中农业食品系统应对 AMR 的实施进展情况。
- 重点介绍 2021—2025 年 FAO 实施 AMR 行动计划的主要活动。
- 粮食和农业领域应对 AMR 的主要机遇和挑战。

粮食和农业中的 AMR

AMR 除了对人类和动物健康产生直接影响外，还对粮食和农业系统、食品安全、粮食安全、生计和经济构成一定风险。据估计，全球销售的所有抗微生物药物中，70% 以上用于动物养殖（Van Boeckel et al.，2017）。

FAO 应对 AMR 的贡献

2016 年 9 月联合国大会上，成员国承诺制定和实施国家 AMR 行动计划，并呼吁 FAO 和其他组织予以支持。《AMR 行动计划（2021—2025 年）》是 FAO 对这一呼吁的回应。

为了领导全球应对粮食和农业领域 AMR，FAO 汇集专业知识、支持多部门和多学科应对 AMR 开展协调行动，推广良好生产实践和负责任地使用抗微生物药物，与主要利益相关方合作，支持制定国家和区域监管框架，以及实施 AMR 相关标准。

FAO 通过 FAO/WHO（CJWZ）协调这项工作，该中心组建了 AMR 工作组，并支持“同一健康”四方伙伴关系及其相关工作方案。CJWZ 的任务是广泛协调 FAO 不同部门，包括区域和国家办事处在内，以确保采取全面的“同一健康”措施应对 AMR。

四方合作

四方之间利用了各自的职能、资源、计划编制和政治影响力来遏制 AMR。通过四方联合秘书处的帮助，协调四方与世界银行，其他联合国机构和国际组织、成员国、民间社会和私营部门的合作，以及 AMR-MPTF、全球领导小组和 AMR 多利益相关方伙伴关系平台之间的工作。

AMR-MPTF

AMR-MPTF 是在全球国家和区域层面资助四方遏制 AMR 行动的关键工具。迄今为止，已资助了 10 个国家项目，并在全球支持了 4 个技术领域，包括环境、全球 AMR 行动计划监测和评估、AMR 相关立法和综合监测。

AMR 全球领导小组

AMR 全球领导小组是为了建立更广泛的政治支持来应对 AMR。四方联合秘书处协调工作。职责是在全球范围内与政府、机构、民间社会和私营部门合作，并倡导针对 AMR 的政治行动。

AMR 多方利益相关方伙伴关系平台

AMR 多方利益相关方伙伴关系平台是一个全球性、自愿和包容性的合作机制，用于协调广泛的利益相关方通过“同一健康”原则应对 AMR。

粮食和农业部门实施 AMR 国家行动计划的进展

监测 AMR 全球行动的开展情况

四方组织使用了各方资源，包括年度 TrACSS，共同制定了全球行动计划的监测和评估框架。

粮食和农业部门的主要调查数据

国家 AMR 行动计划和管理

总体而言，许多国家仍然缺乏足够的资金来执行国家 AMR 行动计划。尽管近 90% 的国家已经制定了国家 AMR 行动计划，但根据 TrACSS 的最新调查，2020—2021 年，只有 40% 的国家制定了经政府批准，且具有经费预算的计划。事实上，只有 20% 有经费支持的国家在相关部门实施了该计划，并建立了监测评估系统。

尽管过去 5 年，多部门在制定和实施国家 AMR 行动计划方面的合作有所改善，但只有 22% 的国家表示，其采取了综合方法来实施这些计划，并根据所有部门的数据和经验进行行动调整。

约 28% 国家报告显示，2020—2021 年，本国所有 6 个部门（人类健康、动物健康、植物健康、食品生产、食品安全和环境）都参与了制定和实施国家 AMR 行动计划。

支持负责任和谨慎使用抗微生物药物的法律框架

不同国家应对 AMR 法律框架涉及的范围和全面性差异较大，且能够有效执行的国家较少。

提高对 AMR 风险和应对措施的认识和理解

只有 40% 的国家能够提供有针对性的、全国性的政府支持活动，用于支持改变植物健康、食品生产和食品安全部门关键利益相关方的行为。大多数国家此类项目的规模有限或较小，所有或大多数关键利益相关方并非都能参与。很少有国家经常要求将 AMR 课程作为农业（动植物）、食品生产、食品安全和环境部门培训和专业教育的一部分。

监测

实验室能力系统一体化仍然是许多国家面临的挑战。2020—2021 年，只有 17% 的国家表示可以将动物健康和食品安全部门的所有 AST 实验室纳入国家监测系统。根据 2022—2023 年 TrACSS 的调查，这一比例略有上升，达到 18%。

感染预防和控制

在 2022—2023 年 TrACSS 调查中，约 40% 的国家报告了在满足本国食用动物生产和疾病预防的前提下制定了国家行动计划。然而，只有 14% 的国家在全国范围按照国际标准在当地农场和食物加工层面实施国家行动计划。约 30% 和 25% 的国家分别在陆生动物和水生动物生产中实施了预防感染用药的最低需求标准。

FAO 对报告国的支持

FAO 对报告国家实施与 AMR 直接相关的干预措施提供了支持。其中，2019—2020 年，对 TrACSS 调查的 136 个报告国中的 35 个国家提供了支持，2020—2021 年，对 163 个报告国中的 43 个国家提供了支持。

2020—2021 年，TrACSS 调查结果的比较分析表明，对低收入国家而言，FAO 直接支持 AMR 相关干预措施国家的遏制 AMR 效果，正在迎头赶上或优于 FAO 未直接支持国家的效果。

2022—2023 年，TrACSS 调查报告中，FAO 通过项目直接支持的国家数量达到 38 个。

支持成员国加强在粮食和农业领域实施国家 AMR 行动计划

FAO 对 AMR 应对措施的贡献主要是支持国家以“同一健康”为原则制定和实施涉及粮食和农业相关国家 AMR 行动计划。

本报告介绍了 FAO 在全球、区域和国家层面的工具和活动，涉及 FAO 行动计划的 5 个工作领域。

（1）提高利益相关方的意识和参与度。

（2）加强监测和研究。

（3）推动良好实践。

（4）提倡负责任地使用抗菌药物。

（5）加强管理和资源配置。

机遇与挑战：前景展望

由于国家层面的能力有限，数据协调不通畅，数据质量差，因此，粮食和农业部门应对 AMR 面临的主要挑战包括 AMU 和 AMR 数据量有限。为此，全球、区域和国家层面需要进一步加强信息技术和“同一健康”方面的多部门协调，以促进数据收集和共享。

培养不同层面政治领导力以应对行动的紧迫性也是一个持续的挑战，尤其是在解决缺乏足够资源来实施 AMR 国家行动计划方面。

总的来说，未来在粮食和农业部门应对 AMR 需要更多更好的资料和更知情、更广泛的干预措施来减少对抗微生物药物的需求，需要更多的资源、更高的能力，加强治理以确保利益相关方的有效参与，以及基于“同一健康”原则国家层面的持续承诺和行动。

第 1 部分 粮食和农业中的抗微生物药物耐药性

本报告是 FAO 2020—2022 年应对粮食和农业领域 AMR 问题的首份报告。

- 介绍 FAO 在 AMR 全球治理中的作用，重点关注四方组织之间的合作以及其他重要伙伴关系。
- 概述各国在粮食和农业领域利用来自 TrACSS 的数据，实施国家 AMR 行动计划的进展情况。
- 重点介绍 FAO 为实施《AMR 行动计划（2021—2025 年）》和《AMR 全球行动计划》而开展的与粮食和农业领域有关的主要活动，并且介绍了 FAO 用于评估和建设全球、区域和国家层面应对 AMR 的主要工具。
- 确定粮食和农业领域与 AMR 相关的主要机遇和挑战。
- 本报告由 CJWZ 主导编写，FAO-AMR 工作组为其提供帮助。本报告读者包括粮食和农业部门的政策制定者、FAO 成员以及国际技术和金融合作伙伴。

1.1 粮农系统 AMR

AMR 是全球十大公共卫生挑战之一，严重威胁 20 世纪的许多成就，如降低传染病的发病率和死亡率。当细菌、病毒、真菌和寄生虫随着时间的推移发生变化，不再对抗菌药物、杀真菌剂和其他抗微生物药物敏感时，就会导致 AMR 问题。最终导致传染病更难治疗，疾病风险扩散，患病和死亡人数增加。

《全球抗微生物药物耐药性研究》（Global Research on Antimicrobial Resistance）的调查结果显示，2019 年耐药细菌感染导致 127 万人死亡，AMR 是全球致人死亡的主要原因之一（Murray, et al., 2022）。如果不采取联合行动遏制耐药病原体的传播，到 21 世纪末，AMR 可能会导致全球年度生产总值损失超过 3.4 万亿美元（OECD, 2018）。

AMR 除对人类和动物健康产生直接影响，还对粮食和农业系统、食品安全、粮食安全、生活、经济和环境（包括土壤和水）构成威胁。对于 AMR 预防的立法、监管和监测系统薄弱或不足，以及抗微生物药物使用不当的国家，AMR 风险极高。同时，粮食生产和食品也是 AMR 产生和传播的潜在媒介。

据估计，全球销售的所有抗微生物药物中有 70% 以上用于食品动物（Van Boeckel et al., 2017）。抗微生物药物在治疗食源性水生和陆生动植物疾病方面发挥了重要作用，并保障了食品安全。抗微生物药物还可用于预防动物或植物种群（尤其是集约化生产的动物或植物）中可能出现的疾病。过去常见的做法是在动物饲料中添加低浓度的抗微生物药物，以促进动物生长和提高产量，但目前已不建议采用这种做法。抗微生物药物也常用于治疗植物的微生物疾病。

许多国家由于监管控制不足，缺乏准确收集动植物 AMU 的数据系统，对全球农业抗微生物药物年度总用量的评估差异很大。在未来几十年中，人们对动物源食品的需求将会稳步增长，若生产方式不做相应改变，预计对 AMU 的需求也将增加。

动植物生产中抗微生物药物的使用受到以下诸多因素的影响：

- 通过改善环境卫生和营养、饲养管理措施可降低疾病的预防成本；
- 动植物健康专家有限，培训和专家的支持有限；
- 抗微生物药物使用监管和监督薄弱；
- AMR 治理协调有限，各自为政；
- 非处方药或互联网销售渠道使抗微生物药物唾手可得；
- 支持抗微生物药物替代品药效相关证据不足；
- 缺乏抗微生物药物治疗实证指南；
- 假冒伪劣抗微生物药物的供应和使用；
- 缺乏对良好饲养方法的认识，导致过度或不适当地使用抗微生物药物；
- 缺乏支持决策的数据和数据分析；
- 将抗微生物药物用作动物促生长剂；
- 一些人类学、社会文化、政治和经济因素阻碍优良策略的实施。

1.2 FAO 应对全球 AMR 的贡献

2016 年 9 月，联合国大会达成“同一健康”方法解决 AMR 问题的共识，需要在人类、动植物健康和环境领域采取多部门联合行动。为此，各成员国承诺制定并实施 AMR 国家行动计划，并呼吁 FAO 及其他组织提供相应支持。

FAO 领导全球粮食和农业领域应对 AMR 工作。2015 年和 2019 年 FAO 大会分别批准了第一份和第二份《FAO-AMR 行动计划》（FAO, 2016; 2021a），其中强调所有国家多部门协调采用“同一健康”举措，应对日益严重的全球 AMR 威胁的重要性和紧迫性。

FAO 目前以《FAO-AMR 行动计划（2021—2025 年）》（FAO, 2021a）为指导，开展 AMR 方面的工作。该行动计划完全符合并有助于实现《全球 AMR 行动计划》（WHO, 2015）中主要粮食和农业部门的主要指标。在《2030 年可持续发展议程》背景下，《全球 AMR 行动计划》于 2015 年获得世界卫生大会批准。

FAO 汇集了水生和陆生动物健康与生产、食品和饲料安全、遗传资源、作物生产、自然资源管理、风险交流、政策和立法以及行为改变等方面的专业知识，通过“同一健康”方法应对来自粮食和农业领域的 AMR 挑战（图 1）。本组织倡导多部门和多学科共同应对 AMR，通过强有力的管理进行协调，并以证据为依据，促进良好的生产实践和可行的 AMR 监测措施。FAO 还与国家级主要利益相关方合作，为从国家政府到农民提供技术支持，以加强其管理粮食和农业部门和粮食生产环境中 AMR 风险的能力。FAO 支持国家和区域制定监管框架和实施与 AMR 相关的标准，例如，FAO 主持的食品法典委员会和国际植物保护公约。FAO 还支持目标制定、规范建立和自下而上的集体行动进程，以增强利益相关方提升实践能力。

FAO 通过 CJWZ 协调此项工作，CJWZ 主要负责 AMR 工作，支持“同一健康”四方组织协作及其相关工作计划。

图 1　FAO通过“同一健康”原则应对粮食和农业领域AMR挑战

来源：作者自述

《FAO-AMR 行动计划》的实施为《FAO 战略框架（2022—2031 年）》的 AMR 指标作出贡献，该指标代表 FAO 为粮食和农业领域提供 AMR 支持的国家实施国家行动计划的总体水平。成员国通过 TrACSS 调查形成自查报告的水平是衡量该指标的基础。

FAO 与重要合作伙伴开展密切合作，特别是四方合作，支持全球多部门共同应对 AMR 威胁。

2021 年，FAO 对在 AMR 方面的作用和开展的工作进行评估（FAO，2021b），指出 FAO 在遏制粮食和农业领域 AMR 方面具有很强的使命感和良好的定位，其技术和专业性是一项相对重要的对优势。评估结果建议，FAO 应制定 AMR 战略，并采取强有力的计划方法，建立一个与区域办事处相联系的中央协调和管理结构。FAO 在制定《FAO-AMR 行动计划（2021—2025 年）》和建立 CJWZ 时参考了这些建议。

第 2 部分 “同一健康”合作

“同一健康”合作是遏制 AMR 的关键。2016 年 9 月，《联合国抗微生物药物耐药性问题高级别会议政治宣言》提出，有必要在“同一健康”方针的框架内解决 AMR 问题（联合国，2016）。

此外，呼吁 WHO、FAO 和 WOAH、包括世界银行在内的区域和多边开发银行、联合国相关机构和其他政府间组织，以及民间社会和多利益相关方在遏制 AMR 方面开展合作。

从此，FAO 一直坚持并积极推动“同一健康”合作举措。

2.1 四方合作

《2015 年全球 AMR 行动计划》提出了遏制 AMR 的蓝图，呼吁 FAO、WOAH 和 WHO 三方加强合作，推进针对特定部门和多部门的 AMR “同一健康”方针（WHO，2015）。

此外，IACG 在 2019 年报告（IACG, 2019）（图 2）中就全球治理需要三方组织加强领导和合作提出了建议，包括设立 AMR 全球领导小组，建立一个由三方组织推动和管理、包含来自不同代表和区域的 AMR 多利益相关方伙伴关系平台，以期形成全球愿景、视野和目标。

鉴于人们日益认识到 AMR 在环境层面的重要性，2022 年 3 月，UNEP 正式加入，四方共同努力合作。每个组织都通过其理事机构和各自的 AMR 行动计划或战略，承诺支持 AMR 行动计划的实施，同时通过特定部门和联合的方式响应和推进“同一健康”的号召。

四方合作的优势在于能够利用四个组织各自的任务、资源、方案编制和政治影响来支持“同一健康”对策。四方极大地推动了“同一健康”举措的实施，并帮助各国开展此项措施。四方战略框架将重点放在合作能增值的领域，支持采取更加连贯和协调的方法，帮助减少“孤岛”和“重复”，推动与更广泛的合作伙伴和支持者协调合作，并更全面地了解 AMR 的多重驱动因素，以及共同面对关键政策和技术领域的机遇和挑战（FAO、WHO、WOAH、UNEP，2022）。四方战略框架附有两年工作计划。

三方组织（现为四方组织）联合秘书处成立于 2019 年。秘书处设在 WHO，包括来自 FAO、UNEP 和 WOAH 的联络官员。秘书处的作用是根据共同工作计划协调四方联合开展 AMR 活动；支持四方与世界银行、其他联合国家和国际组织、成员国、民间社会和私营部门开展合作；协调 AMR-MPTF 工作。秘书处的职责范围于 2022 年 6 月更新。

四方组织于 2022 年制定了第一个正式的 AMR 战略框架，用以指导其合作和帮助协调不同组织工作（FAO、WHO、WOAH、UNEP，2022）（图 2）。鉴于“同一健康”方法在环境层面的重要性，以及环境规划署与三方组织的持续合作，UNEP 在正式加入四方组织之前就参与制定了战略框架。

战略框架支持全球行动计划五大目标的落实，加强响应 AMR 的治理。该框架提出了一种变革理论，其中 AMR 四方合作的目标是保持抗微生物药物的有效性，确保可持续且公平获取抗微生物药物，以便在人类、动物和植物健康方面负责任和谨慎使用。合作的预期目标是各国有能力设计和可持续地实施循证或知情的“同一健康”方法遏制 AMR 的措施。

该框架的目标是：

- 优化抗微生物药物整个生命周期，包括研发、生产、使用到最终作为污染物处理的整个流程；
- 减少人类的、动物和植物的感染发生，减缓 AMR 的产生和传播。

四方组织还制定了 AMR 指导文件和联合国可持续发展合作框架，以支持各国将 AMR 相关规划纳入联合国可持续发展合作框架（FAO、WHO、WOAH、UNEP，2021）。

2015年	2016年	2019年	2020年	2022年
在FAO、WOAH的支持下，WHO发布全球AMR行动计划	联合国AMR高级别会议	成立AMR三方联合秘书处 建立MPTF	成立AMR全球领导小组	UNEP的加入成为四方联盟 建立AMR四方战略框架 建立AMR多利益相关方伙伴关系平台

图 2 遏制AMR四方合作的里程碑

来源：作者自制

2.2 AMR-MPTF

AMR-MPTF 是为四方合作行动提供资金的关键工具，支持和扩大国家、区域和全球采取“同一健康”方法遏制 AMR。AMR-MPTF 由四方组织中主要高级代表和资金伙伴代表组成的指导委员会。截至 2022 年 12 月，资金合作伙伴为荷兰、瑞典、英国弗莱明基金、德国和欧盟。FAO 于 2021 年和 2022 年担任 MPTF 指导委员会主席。自 2019 年启动以来，MPTF 已筹集 2 600 多万美元。

10 个国家的项目（柬埔寨、埃塞俄比亚、加纳、印度尼西亚、肯尼亚、摩洛哥、秘鲁、塔吉克斯坦、塞内加尔和津巴布韦）已获指导委员会认可，目前正处于执行阶段。每个国家均接受约 100 万美元用于开展为期三年的项目。MPTF 根据四方成员的要求，研究推动和协调政策咨询、技术援助和能力提升等活动。案例 1 和案例 2 为柬埔寨和摩洛哥受 MPTF 支持开展活动的范例。

案例 1：柬埔寨基于“同一健康”方法强化遏制 AMR

2019 年，柬埔寨实施《2019—2023 年 AMR 多部门行动计划》（柬埔寨政府，2019）。但是，由于缺乏部门间协调，该计划的执行受到了阻碍。MPTF 支持设立 AMR 高级别部际协调委员会，加强协调和监测多部门行动计划。作为这一进程的一部分，2021 年 10 月，柬埔寨政府与 FAO、WHO 和 WOAH 合作，与“同一健康”范围内的主要利益相关方组织了一次协商会议，制定了《儿童疾病控制与预防》，为新委员会提供了参考依据。

目前，柬埔寨正在起草动物卫生部门 AMR 的文献综述和谨慎使用抗微生物药物的准则。这将促使决策者确保政策制定和实施更加全面，优化关键部门的抗微生物药物使用，并帮助提高目标群体对 AMR 风险和遏制方案的理解。

案例 2：摩洛哥建立首个应对 AMR 的“同一健康”治理机制

AMR-MPTF 正在支持摩洛哥制定一项通过“同一健康”方法预防和控制 AMR 的跨部门国家计划。该项目的阶段性成果表明，该国致力于“同一健康”的主要伙伴之间已经建立了良好的动态合作关系。基于技术团队之间的合作，FAO、WHO 和 WOAH 已经与摩洛哥卫生部、农业部和环境部门构建伙伴关系，提高了公众对 AMR 的认识，并倡议在战略层面建立多部门伙伴关系。

AMR-MPTF 使摩洛哥建立本国第一个 AMR“同一健康”治理体系，用以召集主要利益相关方解决共同问题。该机制包括：由三个部门的部长和 FAO、WHO 和 WOAH 的代表组成高级别指导委员会；由 FAO、WHO 和 WOAH 的技术干事以及三个部门的联络人组成技术协调委员会；以及专门招聘一名国家科学项目协调员，其作用是召集所有合作伙伴，促进实施该项目。

该项目的正式启动是提高高级别决策者对 AMR 的认识、动员其参与到该项目的关键一步。卫生、农业和环境部门负责人以及 FAO、WHO 和 WOAH 的代表出席了该活动。此外，FAO 协助组织了关于 AMR 治理的渐进式管理途径的国家研讨会。该方法包括逐步自我评估国家 AMR 行动计划的执行情况。虽然培训的重点是粮食和农业部门，但其展示的方法和评估工具也适用于其他部门。

目前正在进行的其他活动包括一个 TISSA、AMR 项目常规工作、加强 AMR 有关的立法、建立实验室能力评估认证体系和制订一项提高 AMR 认识的宣传计划。

除协助各国开展工作外，自 2021 年以来，MPTF 还支持了一项涵盖四个技术领域的全球方案：

- **重视环境中 AMR 风险：**作为多组织跨部门“同一健康”的一部分，该项目由四方组织联合制定，由 FAO 领导，旨在加强 AMR 国家行动、部门政策和全球伙伴关系框架内环境领域合作的能力和行动。为协助厘清各方在 AMR 环境层面的角色和责任，四方组织起草了“组织间关于环境中 AMR 合作”文件。2021 年 12 月，召开了一次揭示粮食和农业环境中 AMR 网络研讨会，回顾了环境中 AMR 现状，以期在现有能力建设基础上规划干预措施，并为能力建设活动提供信息。同时，MPTF 开展了国家访谈，以更好地了解当地和区域的优先事项。四方组织加强了“同一健康”全球领导小组在 AMR 领域的合作，强调了环境层面 AMR 的重要性，支持提高环境层面 AMR 关键问题的优先级。
- **AMR 全球行动计划的监测和评估：**为衡量各国 AMR 行动计划的实施进展，自 2016 年以来，四方组织每年都开展 TrACSS 工作，并将调查结果公布在一个开放获取的数据库中。四方组织还制定了全球行动计划的监测和评估框架，编制了国家和国际层面统一的指标清单。MPTF 的资金将使四方能够通过国内和国家间文件评估，协助各国制定 AMR 国家行动计划的国家监测框架指南。粮食和农业部门最新 TrACSS 监测系统数据摘要见第 3 节。

- **AMR 和 AMU 有关的立法：**FAO 制定了一套在粮食和农业部门评估国家 AMR 相关领域立法方面的方法，第 3 节对此进行了更详细的描述。通过 FAO、WHO 和 WOAH 之间的合作以及 UNEP 的参与，MPTF 正在支持将这一方法升级为 AMR 的“同一健康”立法评估工具。
- **AMR 和 AMU 的综合监测：**TISSA 是人类、动物和农业部门开展 AMR 和 AMU 综合监测的第一步，其汇总了 WHO 的 GLASS、WOAH 的 ANIMUSE 和 FAO 的 InFARM 的数据，使 TISSA 成为 AMR 和 AMU 的全球数据库。这不仅有助于了解 AMR 跨部门传播、AMR 对人类和动物健康造成的负担、公共卫生、动物卫生和农业食品工业领域的病原体等问题，还将为人类、动物和植物健康部门制定本部门遏制 AMR，并阻断其向其他领域传播的管理政策提供技术支持。TISSA 将推进国家层面进一步开展综合监测。

2.3 AMR 全球领导小组

根据三方组织咨询小组 2019 年提出的“为遏制 AMR 问题提供更大政治支持”的治理建议，2020 年底，三方联合秘书处成立了 AMR 全球领导小组（以下简称全球领导小组）。FAO 密切参与其中工作并作出贡献。

2020—2022 年，全球领导小组由孟加拉国总理和巴巴多斯总理共同担任主席，其成员包括四方组织总干事，以及部长、学术界人士、私营部门和民间社会有影响力人士。其任务是通过“同一健康”方法在全球范围内与各国政府、机构、民间社会和私营部门合作，并为负责任和可持续地获取和使用抗微生物药物来减少耐药感染发生的政治行动提供咨询意见和倡议。

自 2021 年初，全球领导小组举行了五次会议和许多其他技术会议，包括在六个关键领域制定一项优先事项行动计划（图 3）：① AMR 采取持续的政府行动；② 聚焦人类健康、动物健康、食品、植物和环境生态系统中感染的预防和控制以及负责任地使用抗微生物药物；③ 倡议提升跨部门的 AMU 和 AMR 监测能力；④ 倡议增加调动内部和外部财政资源，特别是在低收入和中等收入国家实施国家行动计划；⑤ 倡议跨部门创新，确保可持续的抗微生物药物（特别是抗生素）、疫苗、诊断方法、污染物管理工具、安全有效的抗微生物药物替代品以及公平获得这些药物；⑥ 倡议更好地理解环境中 AMR。FAO 正通过四方联合秘书处密切参与支持全球领导小组的技术和政治工作。

全球领导小组的倡议，包括 AMR 和气候危机；遏制 AMR 资金；AMR 和 AMU 监测；动物健康和福利、AMR 和 AMU 管理。其还呼吁采取行动，包括针对减少粮食系统、生产设备和人类卫生系统的抗微生物药物排放；粮食系统中的 AMU；以及关于各部门遏制 AMR 的部长级袖珍指南。

全球领导小组自成立以来取得了许多成效，例如制定了食品法典中关于联合监控和监测食源性 AMR 的指南（FAO 和 WHO，2021 年），将 AMR 问题纳入 G20 和 G7 集团议程。全球领导小组倡议将 AMR 问题纳入政府间谈判进程，制定 WHO 关于大流行病防范和遏制的文件，并在 2022 年 3 月举办的联合国大会中推动召开 2024 年第二次 AMR 问题高级别会议。

此外，2022 年，全球领导小组在基加利英联邦政府首脑会议和纽约联合国大会上举办了 AMR 会议。最近一次是在 2022 年 11 月，在四方联合秘书处的通力合作下，全球领导小组成员参加了在阿曼马斯喀特举行的第三届 AMR 部长级会议。

2.4 AMR 多利益相关方伙伴关系平台

根据 IACG 报告的建议，2022 年 11 月，四方建立 AMR 多利益相关方伙伴关系平台，旨在制定和努力实现 AMR 的共同全球愿景、目标和协调行动。该平台的协调小组由 FAO 主持。

该平台汇集了人类、动物、植物和环境部门的行动者，以期通过“同一健康”方法保护抗微生物药物疗效，并确保负责任地使用药物。该平台由四方建立，秉承自愿和协作的协调机制，开展遏制 AMR 的全球行动（图 4）。该平台将加强以下几方面的工作：

- 推动遏制 AMR 共同愿景的行动；
- 信息的共享和网络构建；
- 采取具体行动，推动在遏制、防控并最终扭转 AMR 方面取得进展。

01

可持续的AMR政府行动

02

聚焦人类健康、动物健康、食品、植物和环境生态系统中感染的预防和控制以及负责任地使用抗微生物药物

03

倡议提升跨部门AMU和AMR监测能力

04

倡议调动内部和外部财政资源，特别是在低收入和中等收入国家实施国家行动计划

05

倡议跨部门创新，确保可持续的抗微生物药物（特别是抗生素）、疫苗、诊断方法、污染物管理工具、安全有效的抗微生物药物替代品以及公平获得这些药物

06

倡议更好地理解环境中的AMR

图 3　AMR全球领导小组的优先事项

来源: 全球抗微生物药物耐药性领导小组. 2023. 全球抗微生物药物耐药性领导小组的优先事项.日内瓦.
https://www.amrleaders.org/resources/m/item/priorities-of- the-global-leaders-group-on-amr

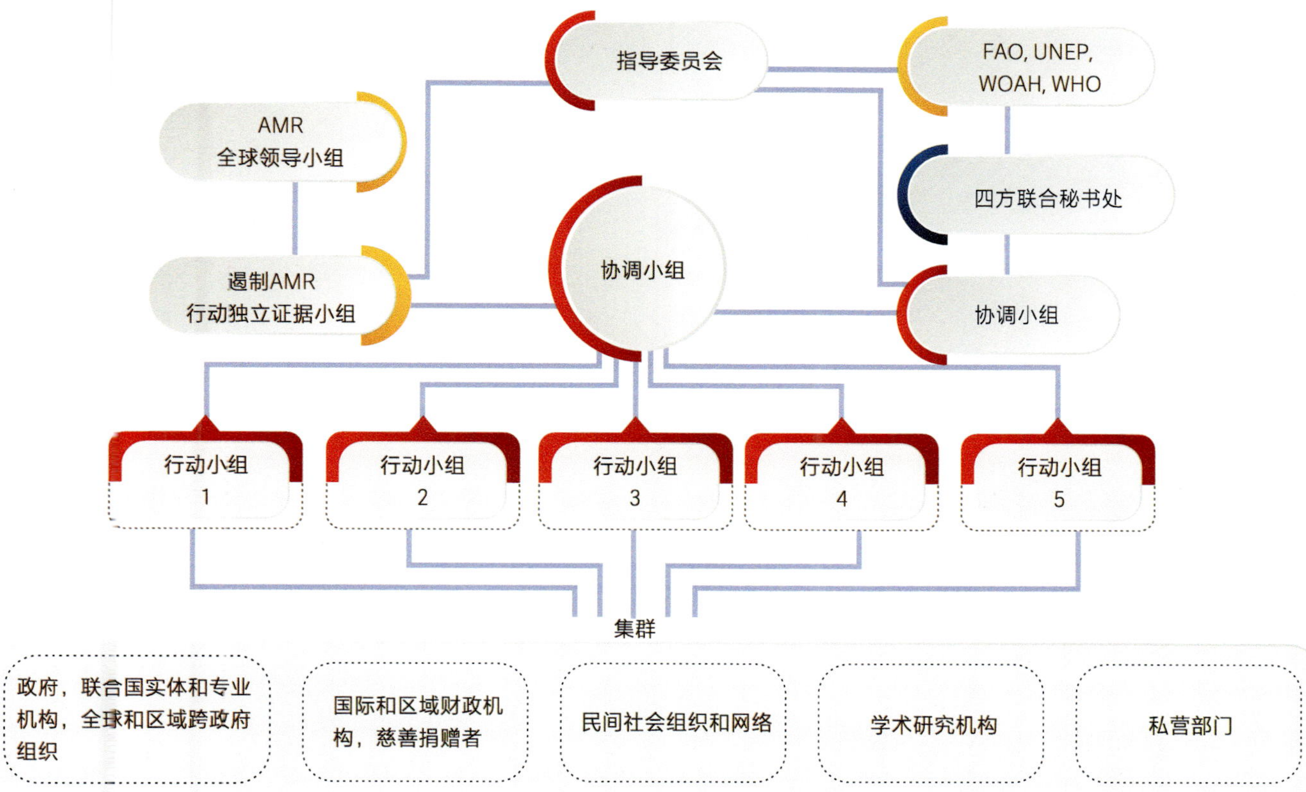

图4 伙伴平台合作协调机制

来源: FAO, UNEP, WHO & WOAH. 2022. Antimicrobial Resistance (AMR) Multi-Stakeholder Partnership Platform – Catalyzing a global movement for action against AMR. Rome. https://www.fao.org/3/cc3014en/cc3014en.pdf

第 3 部分 抗微生物药物耐药性国家行动计划概况：粮食和农业部门的实施情况

3.1 监测 AMR 全球行动的开展情况

《2015 年 AMR 全球行动计划》提出了应对 AMR 的五项目标以及实施任务安排。该计划强调了政府、国家和国际合作伙伴的作用和责任。为确保所有利益相关方履行其职责，并评估其是否正在共同促成必要的变革，三方组织共同制定了《AMR 全球行动计划》和 TrACSS。

该框架参考三方组织各自负责的可持续发展目标以及监测和评估框架中的指标。三方组织认识到国家层面的行动对于在 AMR 方面取得进展至关重要，因此自 2016 年起三方组织联合管理 TrACSS（图 5）。TrACSS 数据还为 FAO《2022—2031 年战略框架》提供 AMR 指标信息，该指标用以标衡量接受 FAO 支持的国家在粮食和农业领域实施 AMR 国家行动计划的总体水平。2020—2021 年，调查包括 17 个有关粮农系统的具体问题，收到了来自 163 个国家的创纪录数量的答复（图 5）。

《AMR 全球行动计划》监测和评价框架包括应对评估水平下降、发展放缓和耐药性增强的措施。该框架旨在衡量来自主要食品动物的大肠埃希菌耐药性，即对第三代头孢菌素（即产 β- 内酰胺酶的大肠埃希菌）产生耐药性的大肠埃希菌的分离率，以及大肠埃希菌对某一类特定抗微生物药物的耐药性类型。FAO 将根据目前正在开发的 InFARM 平台的数据报告这些指标（见第 4 部分）。

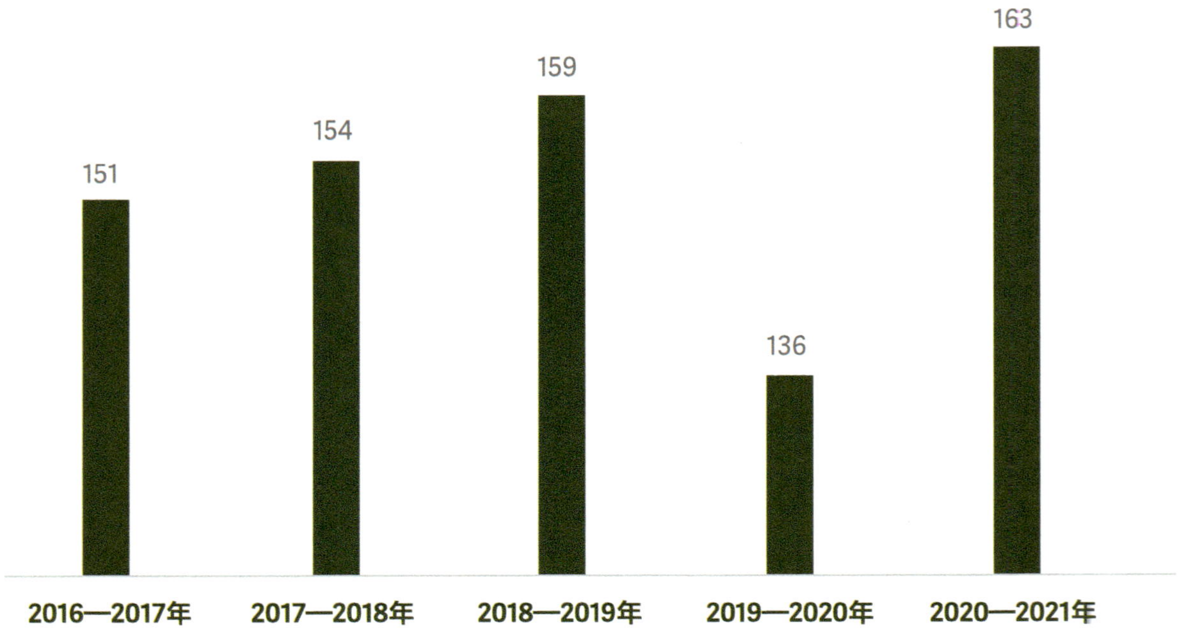

图5　2016年以来回复国家自评调查的国家数量

来源: 作者自述

3.2　跟踪 AMR 国家自我评估调查有关国家粮食农业部门的关键数据

国家 AMR 行动计划和管理

2019—2020 年，TrACSS 调查显示，近 90% 的国家制定了关于 AMR 的国家行动计划。与前 5 年相比，2020—2021 年该项目国家行动计划的实施范围和质量显著提高。然而，在 2020—2021 年，只有 40% 的国家根据《AMR 全球行动计划》的目标制定了经政府批准的计划，包括编入经费预算的行动计划和安排监测。只有 20% 的国家确定了资金来源，并在相关部门实施计划，同时制定了明确的监测和评估程序。

2022—2023 年，TrACSS 调查期间，上述情况略有改善（图 6），93% 的报告国家制定了国家行动计划；57% 的国家获得了政府批准，制定了有经费预算的行动计划和安排监测。然而，在 2022—2023 年 TrACSS 调查中，实施国家行动计划并进行监测和评估的国家数量降至 11%。

过去 5 年来，在制定和实施国家 AMR 行动计划方面，多部门合作情况也有显著改善，大多数国家都建立了多种形式的 AMR 多部门工作组。然而，2020—2021 年，只有 22% 的报告国家采用整合方法来实施国家 AMR 行动计划，涉及了所有部门的数据和经验总结。约 28% 的报告国家其所有部门（人类健康、动物健康、植物健康、食品生产、食品安全和环境）都参与了 2020—2021 年国家 AMR 行动计划的制定和实施。

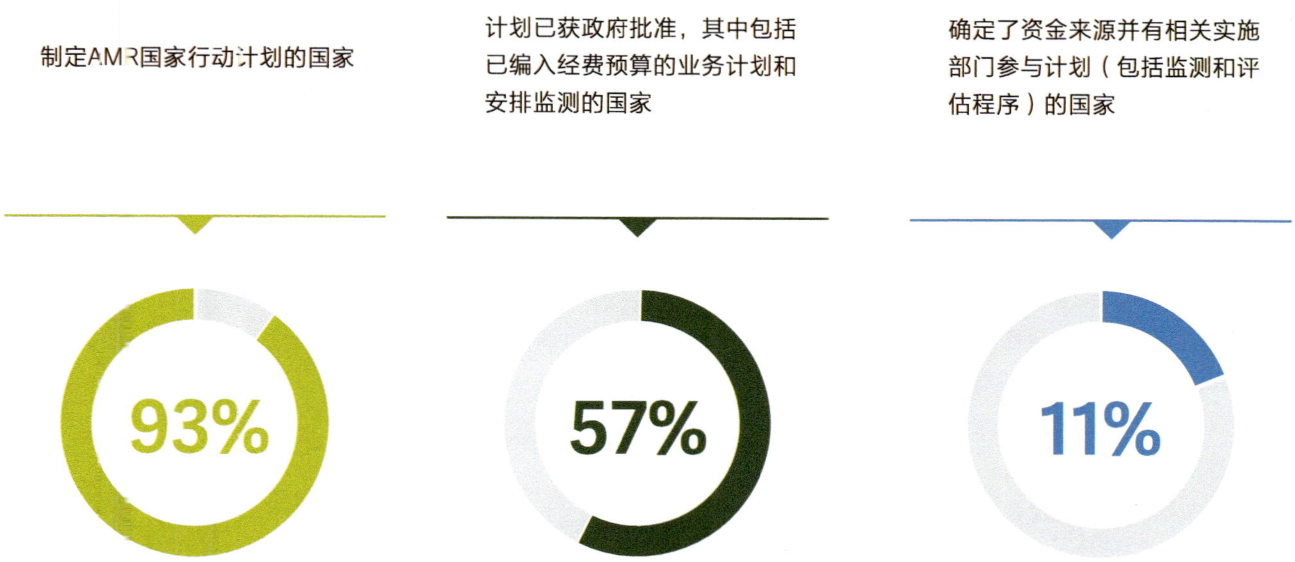

图6　AMR国家行动计划和治理情况

来源: WHO. 2023. TrACSS全球数据库，2022—2023年。瑞士，日内瓦。
https://amrcountryprogress.org

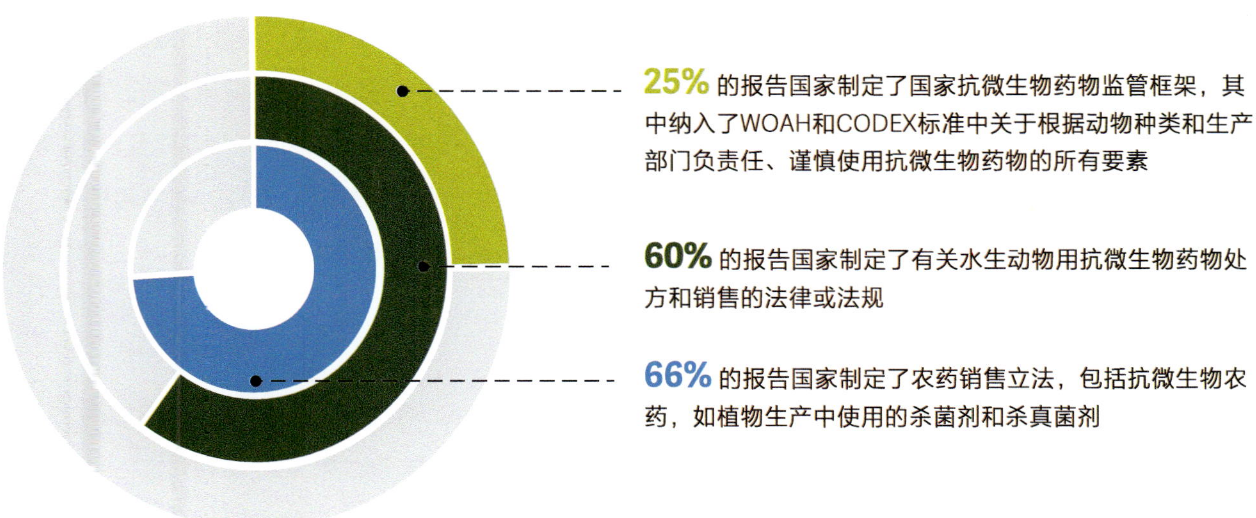

图7　支持负责任和审慎使用的法律框架

来源: WHO. 2023. TrACSS全球数据库，2022—2023年。瑞士，日内瓦。
https://amrcountryprogress.org

各国粮食和农业部门抗微生物药物耐药性应对措施的主要差距概述

整合“同一健康”原则和在所有部门支持实施和监测国家行动计划的能力较为薄弱或缺乏。

实施国家 AMR 行动计划的资金不足。监管框架薄弱，没有包括 WOAH 和 CODEX 中关于《根据动物种类和生产部门负责任地审慎使用抗微生物药物》标准中的所有要素。缺乏和 / 或没有足够的机制和资源来确保监管合规。

针对各部门的提高认识和行为改变方面，缺乏由政府支持的全国性规模活动，AMR 没有很好地纳入培训和专业教育课程。

对食品生产、陆生和水生动物中的 AMR 监测数据，尤其是重点动物病原体以及人畜共患病和共生细菌分离物的监测数据的收集、分析和报告不足。

实验室能力不足，也没有将 AMR 相关数据纳入国家监测系统。

在植物健康、食品生产和食品安全领域，利用 AMR 和 AMU 的数据来修订国家战略或为决策提供信息支持的情况较为局限。食品动物生产和良好生产规范中，这些数据应用于预防感染控制措施的情况也较为局限。

总体而言，许多国家仍然缺乏足够的资金来实施国家行动计划和全面的“同一健康”原则。此外，监测框架存在局限性。

突出表现在许多国家需要继续加强行动计划的实施和“同一健康”管理。

支持负责任和谨慎使用的法律框架

令人鼓舞的是，2022—2023 年，TrACSS 调查中近 80% 的报告国家表示，其制定了陆生动物用抗微生物药物处方和销售的法律或法规，而 60% 的国家制定了水生动物用抗微生物药物处方和销售的法律或法规。超过 60% 的报告国家制定了有关农药销售的法律，包括抗微生物农药，如植物生产中使用的杀菌剂和杀真菌剂（图 7）。约 60% 的国家制定了法律或法规，禁止在缺乏风险分析的情况下使用抗菌药物促进动物生长。

然而，只有 1/4 的报告国家优化了陆生动物卫生领域抗微生物药物的使用，并制定了国家抗微生物药产品监管框架，该监管框架包含世界动物卫生组织和食品法典委员会关于动物种类和生产部门负责任、谨慎使用抗微生物药物标准的所有要素（图 7）。在已制定相关法律框架以应对 AMR 问题的国家中，法律框架的范围和全面性存在很大差异，且较少国家制定合规的有效执行程序。在优化水生动物卫生领域抗微生物药物的使用方面，这一数字下降到 20%。

提高应对 AMR 风险和措施的认识和理解

2022—2023 年的调查结果显示，仅有 9% 的国家在全国范围内开展由政府支持的常规、有针对性的活动，以改变各部门主要利益相关方的行为，包括人类健康、陆生动物健康、水生动物健康、植物健康、食品生产、食品安全和环境。在大多数国家，此类计划的规模有限或较小，而且没有向所有或大多数主要利益相关者提供。很少有国家报告在农业（动物和植物）、食品生产、食品安全和环境部门的培训和专业教育中开设有关 AMR 的常规课程。

监测

2022—2023 年，在通过 TrACSS 报告的国家中，只有 34% 的国家表示可系统地收集和报告食品生产中的陆生动物、水生动物和植物的 AMR 监测数据。只有不到 20% 的国家在遵循符合政府间标准的质量保证流程的情况下，建立了针对重点食源性病原体和 / 或相关指示菌的国家 AMR 监测系统。

约 63% 的国家表示，其利用抗微生物药物销售 / 使用数据来修订国家战略或为决策提供信息。在陆生动物健康、水生动物健康、植物健康、食品生产的和食品安全领域使用这些数据的国家占比分别为 47%、25%、11%、17% 和 24%（图 8）。

对许多国家而言，实验室能力、系统和整合仍是挑战，在 2022—2023 年接受调查的国家中，只有 18% 的国家表示，在动物健康和食品安全领域开展 AST 的所有实验室纳入了国家监测系统。

感染预防与控制

自 2019 年以来，TrACSS 调查结果表明，只有约 40% 的报告国家根据 WOAH 标准实施食品动物生产中预防感染的最低标准要求（如良好的动物养殖规范和生物安全规范）。虽然大多数国家在 2020—2021 年开展促进良好生产规范的活动，但只有 22% 的国家制定了国家计划，以确保在当地农场和食品生产中实施良好生产规范，并符合国际标准。

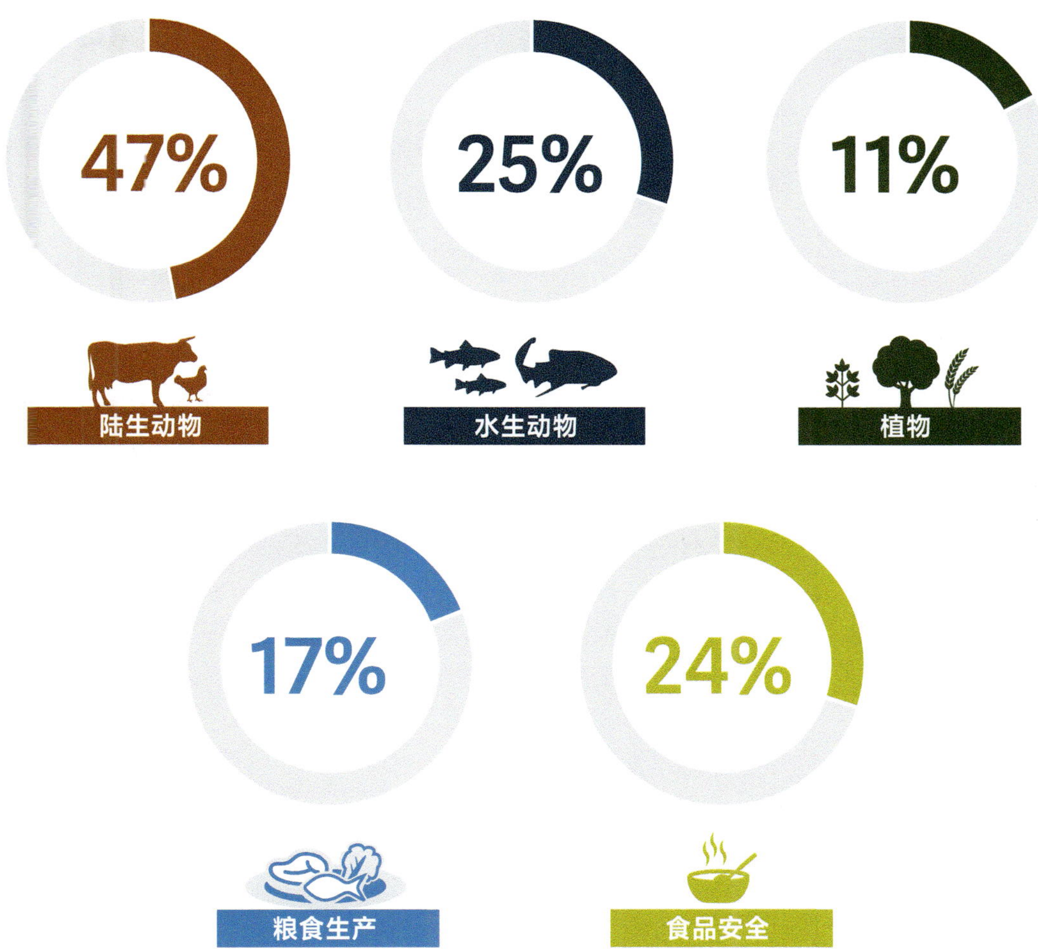

图8　2022—2023年国家自评调查中报告国家中至少每年使用AMR和/或AMU情况数据为决策提供信息的国家所占百分比，按部门分列

来源：WHO. 2023. TrACSS全球数据库，2022—2023年。瑞士，日内瓦。
https://amrcountryprogress.org

2022—2023 年 TrACSS 调查结果表明，约 30% 和 25% 的报告国家分别执行了陆生动物生产和水生动物生产中预防感染的最低标准要求。这些措施包括遵循 WOAH 和 CODEX 的良好饲养管理和生物安全。例如，2022—2023 年，虽然大多数国家开展了一些制定和推广良好生产规范的活动，但在对 TrACSS 调查报告的 177 个国家中，分别只有极少数国家定期监测国家计划的执行情况，以减少抗微生物药物的使用，最大限度地减少陆生动物生产中 AMR 的发展和传播。

FAO 对报告国的支持

应基于 FAO 对一些中低收入国家提供遏制 AMR 的干预措施支持的情况并参考 TrACSS 调查数据。2019—2020 年，136 个国家对 TrACSS 调查做出回复，FAO 向其中 35 个国家提供支持；2020—2021 年，163 个国家对 TrACSS 调查做出回复，FAO 向其中的 43 个国家提供了支持。2019—2020 年和 2020—2021 年 FAO 战略框架 AMR 指标显示，AMR 相关干预措施总体实施水平分别为 47.89% 和 48.92%。与 2019—2020 年相比，2020—2021 年调查结果表明，FAO 直接支持的大多数低收入国家，其干预成效正在迎头赶上，并且优于没有直接干预措施的同等水平国家。

第 4 部分 支持成员加强粮食农业领域遏制抗微生物药物耐药性的能力

FAO 在应对 AMR 方面的贡献侧重于支持各国在“同一健康”原则下制定和实施国家 AMR 行动计划中与粮食和农业部门相关的部分。为此，FAO-AMR 行动计划（2021—2025 年）确立了 AMR 工作的两大目标（FAO，2021a）。

（1）降低 AMR 发生率，减缓 AMR 在整个食品链以及粮食和农业各部门的出现和传播。

（2）保持使用有效和安全的抗微生物药物治疗感染的能力，以维持粮食和农业生产。

这两个目标得到了与全球 AMR 行动计划相一致的五项战略目标的支持，旨在增强各国管理 AMR 风险的能力，并在粮食和农业部门建立抵御 AMR 影响的能力（图 9）。

FAO 实施其 AMR 行动计划的工作涵盖了在全球层面制定工具和指南，以及在非洲、亚洲、欧洲、拉丁美洲和加勒比地区的 47 个国家开展工作，支持制定和实施国家 AMR 行动计划。本部分总结了 FAO-AMR 行动计划 5 个战略目标，在 2020—2022 年全球和国家层面开展的主要活动，其中几项活动是与合作伙伴共同完成的，包括四方合作的其他成员。

FAO 合作伙伴

弗莱明基金是一项英国援助项目，支持非洲和亚洲的 21 个国家应对 AMR。还为 FAO 最大的独立 AMR 项目提供资助，此项目覆盖了上述 21 个国家中的 12 个，旨在促进获得高质量数据，帮助保持抗微生物药物的有效性，并增强粮农系统抵御 AMR 影响的能力。弗莱明基金还支持本组织在促进谨慎使用抗微生物药物、加强实验室能力和发展英国 FAO-AMR 参考中心等方面的工作。

图9　FAO-AMR行动计划（2021—2025年）目标

来源：FAO. 2021. The FAO Action Plan on Antimicrobial Resistance 2021—2025. Rome. https://www.fao.org/documents/card/en/c/cb5545en

由美国国际开发署资助的 FAO 全球卫生安全计划，支持非洲、亚洲和拉丁美洲国家加强 AMR 多部门利益相关方的协调与合作，并提高 AMR 机构和多学科、以及 AMU 方面人员的能力。

欧盟支持南美洲 7 个国家通过采用“同一健康”方针，实施国家行动计划，以应对 AMR。欧盟还与全球主要参与者和战略国家合作，支持亚洲 7 个国家应对 AMR，并通过分享经验、倡导最佳实践和促进行动，为实现全球 AMR 行动计划的目标作出贡献。

韩国资助的 AMR 文本法典支持实施行动（ACT）项目，在全球和区域层面开展工作（亚洲 4 个国家和拉丁美洲 2 个国家），以支持食品法典标准的实施，特别是与遏制、减少、监控和监测食源性 AMR 等相关的标准。

俄罗斯联邦帮助 5 个西亚国家，确保其粮食和农业部门支持 AMR 国家行动计划的制定和实施。

本报告发布时，其他曾经或正在为 FAO-AMR 项目提供捐助的捐助国包括澳大利亚、法国、荷兰、挪威和瑞典。此外，一些双边捐助者、学术界、专业组织和民间组织作为其他合作伙伴，在地区和国家层面就 AMR 相关主题与 FAO 开展合作。

4.1　提高利益相关方的意识和参与

主要的全球性工具和活动

世界抗微生物药物认识周（WAAW）是每年 11 月举办的全球性活动，旨在提高人们对 AMR 的认识和理解，并促进“同一健康”利益相关方采取最佳行动，以减少耐药病原体的出现和传播。2021 年，FAO 将 AMR 行动计划（2021—2025 年）作为 WAAW 活动的一部分进行了展示。FAO 网站上 AMR 微网站的访问量增加了 200% 以上，每天平均访问量从 300~400 人激增至 1 000 人，认识周期间有 4 000 名访问者与网站互动。FAO 账户分享了约 200 条多语种帖子，被提及次数超过 1 500 次，账户数量达 2 600 万。

2022 年 WAAW 的主题是“共同预防抗微生物药物耐药性”，呼吁开展跨部门合作，以保持抗微生物药物的有效性。认识周期间，提高 AMR 认识的总体口号与往年相同：“抗微生物药物，请谨慎使用”。全球各地组织了数百项活动，包括在 FAO 总部举办 AMR 多利益相关方合作平台的启动仪式。认识周以在阿曼举办的第三届 AMR 部长级会议结束，四方合作组织的总干事们在合作平台上举行了特别倡议活动。

自 2020 年 12 月以来，FAO 编制并出版了《AMR 新闻通讯》双月刊，介绍 FAO 为实现 AMR 行动计划所做努力的最新情况，并倡导 FAO 在全球、地区和国家层面开展合作，解决粮食和农业领域 AMR 问题。通讯由 CJWZ 管理，更新的新闻由 FAO-AMR 各区域联络员分享。

2022 年 4 月，FAO 推出了一门关于“理解粮食和农业中的 AMR”的在线课程，主要面向粮农系统的广泛利益相关方。该课程帮助学习者了解 AMR 对食品安全、粮食安全和农户经济福祉的影响，解释了粮农系统利益相关方的潜在作用，以及 FAO 与其他合作伙伴为支持各国遏制 AMR 所做的工作。这项在线培训课程包括五节课，涵盖以下内容：① 什么是 AMR 及其为何是全球公共卫生挑战；②“同一健康”背景下的 AMR；③ 粮食和农业利益相关方在 AMR 中的作用；④ 如何遏制 AMR 及尽量减少其对粮食和农业的影响；⑤ FAO 在应对 AMR 方面的作用和当前举措。该课程是与英国 FAO-AMR 参考中心合作开发的。

截至 2022 年 10 月初，已有 1 474 名用户访问了该课程，其中 36% 来自非洲，24% 来自亚洲，25% 来自欧洲，7% 来自北美洲，4% 来自大洋洲，4% 来自南美洲（图 10）。其中，27% 来自学术界，23% 来自政府，20% 来自个人，10% 来自国际组织，9% 来自私营部门，5% 来自其他团体，4% 来自非政府组织，2% 来自政府间组织。该课程目前提供英语和西班牙语版本，正在准备俄语版本。

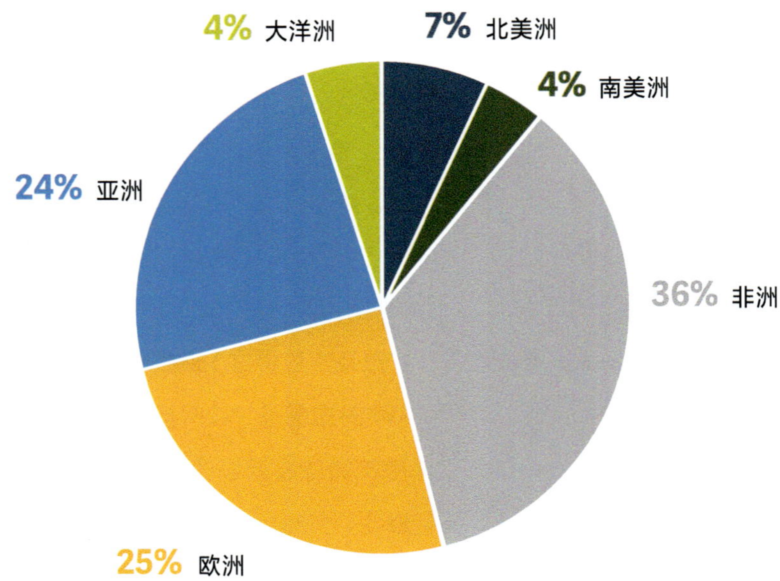

图10 访问该课程的用户占比

来源：作者自述

FAO 还举办了一系列以“知识传播对话”为主题的月度网络研讨会，使参与者了解与 AMR 相关的特定科学和技术主题的最新进展。研讨会的主题包括微生物学、流行病学、环境和行为科学、植物和动物生产以及卫生等。这些研讨会由 FAO-AMR 工作组和多个 FAO 技术网络共同组织。参与者应至少具备 AMR 基本知识。截至 2022 年 10 月，已经举办了 10 场网络研讨会。

2021 年 11 月，FAO 举办了一次关于可持续性管理全球畜禽寄生虫耐药性挑战的线上专家咨询会。该咨询会建议 FAO 制定遏制杀螨剂和杀锥虫药耐药性的管控策略指南，并呼吁加强宣传、提高认识和调动资源，以应对这一挑战。作为后续工作的一部分，正在建立家畜蜱虫杀虫剂耐药性管理实践社区。

2021 年 7 月，FAO 通讯部组织了一次关于“叙事的影响”知识共享会话。通过这些故事展示其专业意见，并在其各种媒体上（网站、社交媒体、出版物和播客）发布。

2021 年 12 月，FAO 与美国俄亥俄州伍斯特学院签署了一项协议，进行一项试验性估价拍卖，以促使消费者为经微生物食品安全认证的产品支付额外费用。此外，作为与国际乳制品联合会合作的一部分，2022 年 9 月，FAO 派代表出席并积极参与了在印度举办的世界乳品峰会。

区域和国家层面的活动

在亚太地区，四方协作有序开展。自 2020 年以来，在 WAAW 期间举办一系列关于 AMR 的网络研讨会。合作伙伴共同制作的视频也于 2020 年发布。FAO 亚太区办事处（RAP）还发布了一个关于 AMR 现状及 FAO 如何应对的宣传视频。

FAO-RAP 继续与亚洲兽医协会联合会合作，通过举办一系列庆祝 WAAW 的网络研讨会，联络该地区的兽医专业人士和学生。这项合作在报道期间仍在持续，仅在 2020 年，亚洲就有超过 14 000 人参与。随后与亚洲兽医协会联合会合作举办的 WAAW 庆祝活动中，本地区的参与人员也达到了同样人数。

FAO-RAP 的推特账户中，针对 AMR 的 WAAW 宣传活动在报道期间是其排名前 20 的推文之一，覆盖 3 000 名用户，并吸引了 500 多名用户。

2021 年 10 月，FAO 加纳代表团完成了一次名为“基于 AMR 行为变化社区实践证据而开发的方法的完善与实施”的任务。代表团的目的是确定并解决加纳卡代和多玛地区的农民田间学校参与者对足浴的行为障碍。代表团与参与者一起设计了两项干预措施，并在家庭农场中实施：一是用海报提醒人们进行足浴；二是使用常见家庭用品（任何品牌的 500 毫升水瓶）按产品说明稀释消毒剂。尽管仍处于试点阶段，但这些干预措施似乎有助于提醒进入农场或禽舍的人们进行足浴。同时帮助农民教育访客、工作人员和管理人员了解生物安全措施，通过减少消毒剂的浪费来降低生产成本，并改变消毒剂是昂贵干预措施的观念。

在非洲，FAO 和其他四方协作组织与非洲联盟合作，在 2021 年制定并发布了一项大陆 AMR 沟通和宣传联合战略（四方和非洲联盟，2021）。该战略支持国家和地区机构以统一的方式，就 AMR 进行沟通，解决对 AMR 认识不足的问题，并支持政府参与该议题。此外，267 名记者、动物卫生专业人员和农牧民协会接受了有关 AMR 和 AMU 的培训，以增强其知识、态度和实践，并更好地就 AMR 进行交流。

2021 年 12 月，FAO 与约翰斯·霍普金斯大学的社区传播实时评估项目签署了一份“‘同一健康’意识和 AMR 行动的根植和扩展”倡议，该倡议旨在支持非洲、亚洲和拉丁美洲的持续沟通活动，促进在 AMR 问题上的政策对话和青年参与。

案例 3：评估欧洲和中亚的抗微生物药物使用实践和抗微生物药物耐药性认识

2021 年，FAO 欧洲和中亚区域办事处开始进行面对面调研，评估养殖业对 AMU 和 AMR 的认识。目前，这些调研正在该地区的 14 个国家进行。在一些国家，还从受调研的农场收集乳样和粪便样本，以分离细菌并进行药敏实验，以建立国家 AMR 基线。

这些调研涉及养殖业主要利益相关方，即畜牧生产系统中的生产者、现场兽医、兽药商店和饲料厂。针对每个国家的 500~700 名参与者，调查其知识和（畜牧业和动物健康）实践方面的主要差距。除了关于 AMU 和 AMR 的问题外，调研还涉及其他因素，例如农场的卫生和生物安全措施，这些因素可能影响抗微生物药物的需求和耐药细菌的流行。目前正在对调查问卷进行分析，并将为每个参与国编制调研报告，这些报告将针对发现的问题为该国提供建议。调研发现的薄弱领域可以成为能力建设和提高认识活动的目标。

一旦 AST 结果可用，将与调研数据进行综合分析，以确定 AMR 的关键风险因素和行动重点。预计在 2023 年，将在其他国家开展调研，以建立该地区 AMU 和 AMR 的综合基线。

4.2　加强监测和研究

主要的全球工具和活动

InFARM 平台： FAO 致力于开发建构监测模块，推动各国努力定期生成、共享和分析粮食和农业领域可靠的和可比较的 AMR 数据，以及植物和作物的 AMU 数据，并在这方面已取得了实质性进展。2021 年下半年，FAO 完成了一项需求分析，为 InFARM 平台 IT 解决方案的开发提供了信息。FAO 已经完成了 InFARM 平台的试点工作，并正在完成其开发工作，为 2024 年公开征集数据做准备，届时将邀请所有国家在该平台上共享数据。该平台的主要目标是支持各国收集、分析、解释和利用粮食和农业领域的 AMR 数据，以指导应对 AMR 干预措施的制定和监测。根据 CAC 和 WOAH 的建议，InFARM 的初始范围是保藏关键细菌种类的 AMR 数据，以及来自动物和食品的指示性细菌的耐药性数据。该数据平台将支持国家、地区和全球的监测工作，为各国提供一个托管和分析来源于陆地和水生动物以及食品的 AMR 数据的机制。其将在 2022 年底前启动的 TISSA 全球平台上补充其他部门的整合数据（由 WOAH 和 WHO 领导）。

FAO-ATLASS 是一种用于评估和确定粮食和农业部门中国家级 AMR 监测系统改进目标的工具，提供了四种语言版本。包括监测模块和实验室模块，每个模块包括两个标准化的问卷，由评估人员完成。FAO-ATLASS 旨在通过以下方式收集描述性数据，并对国家 AMR 监测相关活动表现进行评分，一是绘制实验室的分析能力和网络图，二是评估数据收集分析、管理方法、沟通和可持续性活动。根据 FAO-ATLASS 评估，为每个实验室分配一个渐进式改善路径阶段，对每个“支柱”（实验室网络、流行病学单位、管理方法、沟通和可持续性）进行评价，并对国家 AMR 监测系统进行整体评价。这些结果有助于评估人员对优先改进措施提出建议。

FAO-ATLASS 评估任务由受过培训的评估人员完成。在国家层面的推荐方法是由外部评估人员执行第一次评估任务，以建立基线信息，后续评估可以由国家评估人员进行，或者采用实验室自评估，由 ATLASS 联络点完成。联合国粮农组织正在建立一支全球评估人员团队，作为技术资源，以协调区域和全球监测工作。FAO 正在与 WOAH 和 WHO 合作，应用“同一健康”原则协调跨部门的国家级评估活动。

FAO 支持四方联合秘书处建立一个技术小组，以支持和协调跨组织的一体化监测活动。2021 年 6 月，秘书处呼吁专家成立四方 AMR 和使用综合监测技术小组（QTG-AIS），为 AMR 全球领导小组提供全球指导，并为该领域的各国提供支持，该小组于 2022 年底正式成立。四方联合秘书处的一体化监测小组目前正在进行 QTG-AIS 候选人遴选。

由于研究工作是遏制 AMR 的关键要素，FAO 和其他三方组织促进并支持 AMR“同一健康”优先研究议程的制定过程。这项工作旨在激发研究人员和捐助者的科学兴趣，并为“同一健康”下 AMR 研究的资助提供方向，包括确定能更好预防、控制和应对 AMR 的研究领域。重点关注传播、一体化监测、干预、行为观察与改变、政策与经济等 5 个领域。该项目于 2021 年启动，通过全球公开调查确定主要差距。已经对调查结果进行了分析，并与非公开发表的文献综述共同作为基础，使用德尔菲专家调查法，邀请全球 150 名专家对研究领域差距进行整合，并确定优先次序。来自世界各地近 100 名专家参与了此次调查，专家背景涉及监测、微生物学、动物健康、人类健康、环境卫生、作物科学、流行病学、基因组学、药学、人工智能、生态学、公共卫生、行为科学、法律、政治学、心理学、行为经济学、性别、通信、人权、人类学和社会学等。

区域和国家层面活动

2021年和2022年，在不同来源的支持下，使用FAO-ATLASS作为国家粮食和农业领域一体化AMR总体监测系统和/或实验室的外部或自行评估工具，在28个国家开展了评估，包括ACT项目、拉丁美洲及加勒比地区的欧盟资助项目、弗莱明基金会、俄罗斯联邦和美国国际开发署。案例4和案例5分别说明了这一策略在哈萨克斯坦和拉丁美洲的应用。FAO-RAP总结和提交了对东南亚国家的评估结果，以确定交叉需求和区域行动重点。总的来说，该工具目前已在大约45个国家使用。

FAO支持CAC食源性AMR综合监测和管理指南的制定，该指南已于2021年通过（FAO和WHO，2021）。作为后续行动，FAO目前正在领导由韩国资助的ACT项目，该项目重点关注CODEX指南以及降低和遏制食源性AMR操作规范修订版（FAO和WHO，2005，2021年修订）的实际执行情况，重点关注6个国家的理念验证（玻利维亚、柬埔寨、哥伦比亚、蒙古国、尼泊尔和巴基斯坦）。

案例4：哈萨克斯坦旨在降低粮食和农业中AMR的威胁

2022年4月，FAO与哈萨克斯坦农业部合作，对国家AMR监测系统、粮食和农业部门实验室进行了评估。评估的目的是确定并提出改进建议，以提高利用FAO-ATLASS进行粮食和农业部门AMR国家监测的能力。

在为期5天的访问中，与粮食和农业部门AMR监测方面的主要专家和其他部门代表召开了会议，以收集有关哈萨克斯坦正在进行的AMR监测和监控活动的信息。

FAO代表还访问了几个国家实验室，以确定AMR检测的现有分析能力，并评估数据收集和分析活动，以及监测、交流和可持续性方面的管理结构。预计评估的结果和建议将有助于哈萨克斯坦确定改进行动的优先次序，并使FAO能够更好地支持该国。

在欧洲和中亚，FAO-ATLASS系统迄今已在亚美尼亚、白俄罗斯、吉尔吉斯斯坦、塔吉克斯坦和乌克兰部署。

案例 5：加强拉丁美洲 AMR 监测实验室的评估能力

根据国际标准加强对人类和动物卫生中的 AMR 和 AMU 的监测和监督，是 FAO、WHO 和 WOAH 在欧盟技术和财政支持下实施的“共同遏制 AMR”项目的具体目标之一。

FAO 在这一框架下的工作领域是支持加强国家动物卫生和食品安全官方实验室的诊断能力，这是拉丁美洲目标国家 AMR 监测系统的一个关键组成部分。FAO-ATLASS 用于评估和制定目标，以改进粮食和农业部门的国家 AMR 监测系统。

2021 年，拉丁美洲动物卫生和食品安全国家实验室进行了第一次 ATLASS 自我评估，目的是普查该部门 AMR 实验室分析能力。自我评估是由来自该项目 7 个受益国官方实验室和 FAO-AMR 参考中心、以及墨西哥农业食品公共卫生、安全和质量国家服务处的服务、调查和核查综合单位（UISDC-SENASICA）的代表共同完成的，他们接受了 FAO-ATLASS 团队的培训。

接受过使用该工具方面培训的实验室代表再次开会，以确定从评估中吸取的经验和共有或特有的差距，并与 FAO-AMR 区域参考中心协调，确定区域一级的能力建设方法。

对每个实验室进行了具体的自我评估，建立了基线，并根据实验室在 AMR 检测能力方面所处的“阶段”对实验室进行分类。此外，还向与会者提供了对 8 个国家评估结果的汇总分析。

在研讨会期间，与会者收到了关于 FAO-ATLASS 监测模块的信息，该模块能够系统地分析和评价粮食和农业部门的 AMR 监测系统。与会者还收到了关于即将建立的 InFARM 平台的信息，该平台旨在建立数据共享机制，以支持收集、分析和使用来自世界各地粮食和农业部门的 AMR 数据。

FAO 驻墨西哥 UISDC-SENASICA 的 AMR 参考中心主任 Carlos Jasso 介绍了该中心可以向该区域各国提供的支持，并确定了几项可以在参考中心支持下开展的活动，以加强拉丁美洲 AMR 监测实验室网络的能力。

通过所有正在进行的 AMR 项目以及制定实用指南和支持粮食和农业中实施 AMR 和 AMU 国家监测行动，运用符合 CAC 一般原则和综合监测建议正在成为主流。例如，FAO-RAP 指南（见下文）支持 WOAH 和 CODEX 关于 AMR 和 AMU 监测标准的实施。作为拉丁美洲 ACT 项目的一部分，拉丁美洲及加勒比地区食品法典协调委员会主办方厄瓜多尔植物与动物卫生调控局，与 FAO 拉丁美洲及加勒比区域办事处（RLC）共同举办一系列线上研讨会，支持遏制和减少食源性 AMR，促进 CODEX 标准的应用，以加强国家食品安全体系。

在亚太地区，FAO 继续制定一系列监测和监督 AMR、AMU 和残留的区域指南。拟制定如下指南。

- 区域指南 1：消费用健康食品动物源细菌 AMR 的监控和监测（与朱拉隆功大学共同开发，已发布）；
- 区域指南 2：患病畜禽源病原菌 AMR 的监控和监测（接近完成）；
- 区域指南 3：水产源病原菌 AMR 的监控和监测（与新加坡粮食局和国家公园管理局共同开发）；
- 区域指南 4：动物养殖环境中 AMR 的监控和监测（正在开发中）；
- 区域指南 5：农场中 AMU 的监测（与世界动物卫生组织共同开发，接近完成）；
- 区域指南 6：动物食品中抗微生物药物残留的监控和监测（与英国兽药管理局共同开发，正在开发中）。

区域指南 1 已经在该地区广泛使用，并且已证明对改善东南亚健康食品生产动物的 AMR 监测至关重要。RAP 还为区域指南 1 开发了一个在线学习模块，得到了朱拉隆功大学 /FAO-AMR 参考中心的技术支持和 RAP 在线学习中心的运营支持。2022 年 8 月和 9 月通过自学模块和现场课程授课，共有来自 17 个国家的 26 名学员完成了流行病学课程，来自 14 个国家的 37 名学员完成了实验室课程。此外，朱拉隆功大学和 RAP 于 2022 年 2 月组织了以“东南亚和南亚地区聚合酶链式反应（PCR）技术在家畜 AMR 监测中用途和使用方法的区域培训”为主题的在线培训。

继 2021 年对南亚和东南亚的 35 个实验室进行的第三次 AST 能力验证评估后，朱拉隆功大学在 RAP 的支持下于 2022 年 8 月启动了第四次 AST 能力验证。此次活动扩展了能力验证的范围，包括对大肠埃希菌、沙门菌、肠球菌和弯曲杆菌的敏感性测定和细菌鉴定。东南亚、南亚和东亚的 30 个实验室已报名参加该项目。

目前正在努力将其与丹麦 FAO-AMR 参考中心（和 WHO 合作中心）领导的 EQAsia 项目保持一致。作为合作的一部分，还增加了作为申请国后 AST 能力验证计划的支持任务。

2022 年，RAP 开展了“使用区域定制肉汤微量稀释板对肠球菌属抗微生物药物敏感性概况进行多中心回顾性研究”。任务汇集了该地区的研究机构和专业知识，以提供关于肠球菌的回顾性数据，并为今后的交流和后续的能力建设计划创建一个网络和平台。该研究将使用根据细菌种类设计的区域定制药敏板。

2022 年，RAP 还与全球和区域水产养殖 AST 专家合作，为 RAP 开发并确定了一种适用于革兰氏阴性水生病原体（AS1AQ）的区域定制微量肉汤稀释板。该项工作是基于 RAP 2019 年对大肠埃希菌和沙门菌、肠球菌和弯曲杆菌 AMR 的成功监测。已确定最终格式，目前正在讨论协调采购的区域机制。参与革兰氏阴性水生病原体多中心检测的意向征集书已制定并将于 2023 年实施。

RAP 还更新了一系列区域 AMR 数据管理模块，用于监测来源于健康食品动物（第一卷）、患病畜禽（第二卷）和患病水生动物（第三卷）的细菌 AMR。FAO 和 WHONET 网络开发人员进一步修订了已长期使用的 WHONET 网络软件，并使其适用于粮食和农业用途。

2021 年，发布提交现有国家 AMR 数据的倡议后，RAP 使用区域 AMR 数据管理模板第一卷收到了来自 8 个国家的共 12 673 份 AST 结果。2022 年，RAP 的跨境动物疫病应急中心整理了各国提交的材料，对其进行了处理，并将其移交给朱拉隆功大学 /FAO-AMR 参考中心进行盲法分析。尽管该地区采集到的数据存在局限性，但可以通过这些数据大致了解动物部门的 AMR 情况和国家 AMR 监测计划。研究结果显示，参与国的食品动物源致病菌和共生菌中 AMR 流行率很高。

2022 年 11 月，RAP 与 RAP 以外的专家合作，组织了关于“促进区域对全球兽医病原临床折点工作的贡献”的网络研讨会和区域协商会议。举办网络研讨会的目的是提供有关临床折点进展的信息，而区域协商会议则是为提前规划和组建技术工作组进行技术讨论，以解决该区域内主要畜禽（包括猪、家禽和牛）病原菌缺乏临床折点的问题。

2021 年 9 月和 2022 年 3 月，FAO 在欧洲和中亚区域为亚美尼亚和塔吉克斯坦提供了关于 AST 国际标准的国家专家实验室培训。此外，还采购了实验室试剂和设备，从现场收集样本并进行分析，以获得食品动物和食品中的 AMR 监测基线数据。

联合国粮农组织抗微生物药物耐药性参考中心

FAO 建立了 8 个 AMR 参考中心，以支持本组织在粮食和农业领域遏制 AMR 的工作。参考中心的主要目标与 FAO《2021—2025 年 AMR 行动计划》的战略目标一致 (FAO，2021a)。作为杰出中心，这些机构通过展示关键的 AMR 能力和积极参与特定专业领域的情况，成为 FAO 指定的 AMR 参考中心。这些机构还承诺将自己的部分资源用于与 FAO 协作开展 AMR 工作。这些中心的名称将保留四年，之后将根据所开展的活动以及合作的成效，予以更新。

FAO 参考中心目前设在下列机构：

- 丹麦技术大学国家食品研究所
- 法国食品、环境和职业健康与安全署
- 德国柏林自由大学兽医部
- 墨西哥农业和农村发展秘书处（国家农业食品健康、安全和质量服务处服务、诊断和核查综合单位）
- 泰国朱拉隆功大学兽医学院兽医公共卫生系
- 英国动植物卫生署环境、渔业和水产养殖科学中心兽药管理局
- 美国俄亥俄州立大学传染病研究所
- 塞内加尔达喀尔巴斯德研究所

FAO 丹麦、泰国和英国 AMR 参考中心已经并正在提供资助，促进亚洲和非洲地区实验室参与外部质量保证 / 能力验证，以提高实验室动物食品生产链上 AMR 监测和 AST 中相关菌种的分离和鉴定能力。

在东非，成立了一个包含 10 个成员国的 AMR/AMU 使用技术咨询小组。并为这些国家制定了健康食品动物源细菌 AMR 监测和监控指南。其中，塞拉利昂制定了 AMR 监测和 AMU 监控策略，津巴布韦制定了国家 AMR 监测策略以及肉鸡和蛋鸡监测规程。案例 6 介绍了 FAO 在埃塞俄比亚开展的国家实验室培训。

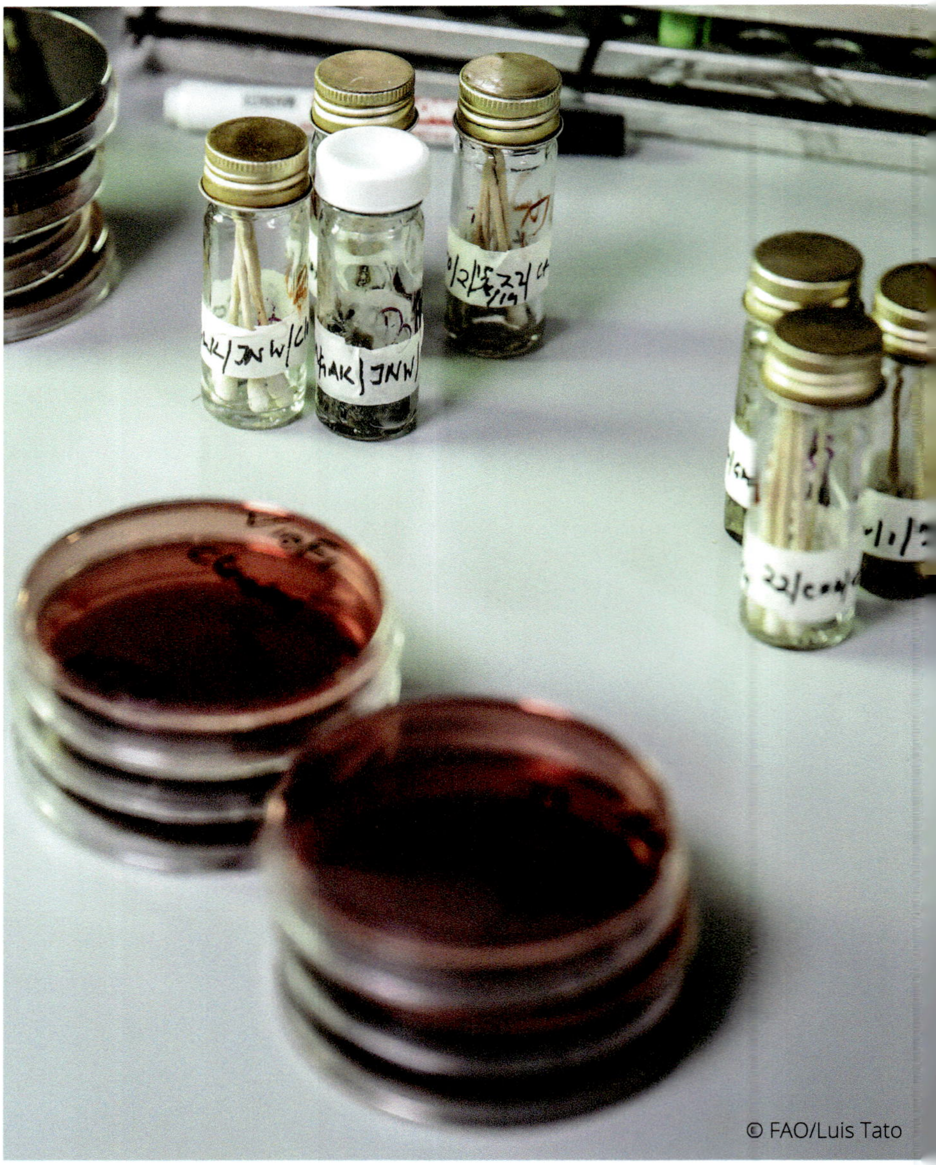

© FAO/Luis Tato

案例 6：埃塞俄比亚动物卫生、人类健康、环境和私营兽医实验室——AMR 实验室实践培训

关键是要通过培训和指导活动提高实验室对 AMR 的监测能力，以便准确和及时地发现 AMR，对 AMR 重点病原进行监测，并建立有效的 AMR 流行病学监测数据管理。各国还可以通过建立实验室培训和经验分享平台，让所有利益相关方和部门参与进来，以加强人类和动物健康诊断实验室和环境实验室的能力，从而降低 AMR 导致的威胁。

2022 年 7 月，为了提高“同一健康”各部门的 AMR 监测能力，FAO 埃塞俄比亚办事处为区域、国家和私营实验室提供了关于“分离和鉴定重点病原、AST 和 AMR 监测”的实验室培训。培训地点位于埃塞俄农业部下属的埃塞俄比亚塞贝塔动物卫生研究所，培训对象来自公共部门和私营部门 (EthioChicken 公司私营实验室参加)，这种公私伙伴关系的培训形式将有助于改善公共服务和提高运营效率。

动物卫生研究所总干事 Tesfaye Rufael 说：“此项培训使动物、环境、私人和人类健康实验室的工作人员提高了对 AMR 监测基本原则的认识和理解，增强了实验室诊断能力，认识到了 AMR 对个人和社会的影响，了解了为什么 AMR 是一个重要的人类健康问题。”

FAO 跨境动物疫病应急中心小组副组长 Nega Tewolde 指出，专家和实验室在实施 AMR 监测活动方面存在技术技能方面的不足。为此，FAO 继续致力于通过向国家和区域实验室提供技术和财政支持，支持埃塞俄比亚遏制 AMR 的努力。

通过培训，国家公共和私营实验室的数据收集和管理水平获得了改进，进而支持了 AMR 趋势和抗微生物药物消费的综合监测和监控。此外，这些实验室针对人类健康、动物健康和环境部门的 AMR 和 AST 的检测水平也有所提高。

公私伙伴关系可以成为加强兽医服务和改进动物卫生规划的一种手段。有效的公私伙伴关系有助于更有效地利用现有资源、扩大兽医卫生覆盖面，特别是在偏远地区。私营部门了解和参与遏制 AMR 可以提高负责任地、谨慎地使用抗微生物药物的能力，并提升国家和区域参考实验室 AMR 和 AST 的检测水平。

4.3 促进良好实践

全球主要工具和活动

FAO 正在与饲料相关部门密切合作，推动减少 AMU 的动物营养实践，该实践在 FAO 2021 年出版的《减少动物生产中使用抗微生物药物的动物营养战略和选择》中进行了介绍 (FAO, 2021c)。

FAO 与英国合作编写了一系列“应对食品动物抗微生物药物耐药性”的案例研究报告，介绍了英国如何通过环境、食品和农村事务部与农民、生产者和兽医之间的多部门合作方法，使该国畜牧业的抗微生物药物销量减少一半。

此外，FAO 还与丹麦合作，发表了一份案例研究报告，题为“解决生猪生产中抗微生物药物使用和耐药性问题”。该研究旨在解决丹麦养猪业抗微生物药物（特别是抗细菌药物）使用的问题，包括改善重点位置的卫生状况、制定干预方案、确定干预地点、设定目标、重组兽医服务与农民之间的关系，以及实施行为改变以产生最大影响。

区域和国家层面活动

2021 年 8 月，FAO 举办了为期 6 周的“面向引导师和培训师的 AMR 家禽养殖田间学校进修课程”。这是通过农民田间学校提供的第一门在线课程，非洲南部的两个国家（赞比亚和津巴布韦）参加了该课程。总体而言，目前已有 756 名农民接受了农民田间学校课程的培训，包括应用良好实践、增加知识和改变态度、支持更好的农场管理、改善动物健康、降低死亡率和提高产量。此外，还对 350 多名专业人员进行了临床服务、农场生物安全和生物安保，以及感染预防和控制方面的培训。

2021 年，在 RAP 与 FAVA 合作开展了一项关于主要陆生和水生动物病原菌的区域调查，以确定用于治疗该地区猪、家禽、牛和水生动物中重点病原菌的常用抗微生物药物。调研收到了来自现场兽医、实验室人员、动物卫生工作者和其他利益相关方的 1 300 份回复。这项工作的结果将有助于确定工作优先次序，以解决临床折点的差异，并制定治疗指南和现场干预措施。

作为与 FAVA 合作的一部分，WAAW 设计挑战赛于 2021 年 11 月启动，寻求那些允许实施良好的畜牧业规范（包括生物安全）、同时考虑目前亚洲社会、经济和环境条件的中小型养猪场设计。共收到来自 7 个国家（不丹、印度尼西亚、印度、马来西亚、尼泊尔、菲律宾和泰国）不同专业学科（兽医学、工程学、建筑 / 设计、农业、农业相关专业）的 19 个参赛作品。与 2020 年举行的小型家禽养殖场竞赛类似，下一步是让专业建筑师完善这些来自大众的设计，并使其可免费下载供公众使用。

FAO 还帮助印度、印度尼西亚和越南的农民提高制定动物卫生管理和生物安全控制方面良好实践的能力，包括在水产养殖中谨慎和有效地使用抗微生物药物。

在法国农业国际合作研究发展中心（CIRAD）的支持下，RAP 还对评估现场人员（参与抗微生物药物处方、销售和管理的专业人员）实施 IPC 的研究和举措，以及旨在改进这些人员实施 IPC 的研究进行了利益相关方摸底和范围界定审查。这些是总体计划的一部分，该计划旨在创建一个基于证据的资源虚拟图书馆，以促进和改进良好实践，以减少对 AMU 的需求。如案例 7 所述，在促进养蜂业的良好养蜂规范和负责任地使用抗微生物药物方面也做出了重大努力。

在亚洲及太平洋地区，FAO 目前正在开发一种工具，用于评估粮食和农业 IPC 的实施情况，包括水、个人卫生、环境卫生和废水管理（Agri-WASH）。

4.4　促进负责任地使用抗微生物药物

全球主要工具和活动

FAO 已经完成了“减少农场对抗微生物药物需求”（RENOFARM）倡议的制定工作，并在选定的国家开展了试点活动。这项为期十年的倡议旨在促进整个生产链共同努力，通过广泛使用科学和创新技术、加强公私伙伴关系以及与 FAO“手拉手倡议”的合作，加强初级生产层面的能力。RENOFARM 旨在支持各国实现更健康、更可持续的农业生产，同时降低疾病风险和对抗微生物药物的依赖。其有望成为农业生产中抗微生物药物综合治理的全球推动力，减少食品中药物的过度使用和药物残留，全面提高动植物健康生产和食品安全水平。它包括 3 个全球目标。

（1）100 个国家参与该倡议，其 AMR 国家行动方案在粮食和农业领域得到全面实施。

（2）50% 的动植物卫生工作者接受过培训。

（3）80% 的国家向 InFARM 提供数据。

RENOFARM 计划于 2024 年初正式启动。

FAO 还与 WOAH 合作，在农场生产层面推广预防措施，以减少对抗微生物药物的需求。

此外，CODEX《减少和控制食源性抗微生物药物耐药性行为准则》于 2021 年进行了更新，为政府、食品生产商和其他利益相关方提供了重要指导，以减少 AMR 在食物链中的出现和传播。

案例 7：在养蜂业中推广良好的养蜂规范和负责任地使用抗菌药物

养蜂业为保护生物多样性、粮食安全、生计和营养作出了重大贡献。虽然蜂箱的数量在过去 10 年中增加了 1 300 多万个，但人们担心蜜蜂疾病的广泛传播可能会导致包括抗微生物药物在内的兽药的更多使用。在养蜂过程中需要注意良好养蜂规范，并负责任地使用抗微生物药物，以降低蜂箱产品中抗微生物药物残留的风险，并防止 AMR 的出现和传播。

FAO 通过三年一次的全球调查，掌握养蜂人对 AMR 的认识和做法。第一次调查于 2019 年 1 月至 2020 年 3 月完成，报告于 2021 年发布。在收到的近 300 份回复中，近 1/2 来自欧洲，1/3 来自英国，19% 来自北美洲。研究发现，只有 2%~5% 的养蜂人使用抗微生物药物控制其所在地区的蜜蜂传染性疾病。在上述三个使用抗微生物药物的地区，来自北美洲的养蜂人倾向于通过互联网获得抗微生物药物，并报告了蜜蜂细菌性疾病（美国和欧洲蜜蜂腐蛹病）的治疗失败。

由于缺乏对药物标签适应症的依从性（特别是在北美洲），以及对蜂巢产品中的抗菌作用和潜在抗微生物药物残留的了解有限（特别是在欧洲），因此特别需要提高认识和培训。没有遵循说明书的抗微生物药物使用同样值得关注。

可能需要付出更多的努力来确保养蜂人能够获得准确的信息，并能接触到训练有素的专家。第二轮调查于 2022 年用 FAO 所有语种启动，最终报告于 2023 年发布。采用良好的养蜂规范和改进生物安全措施对减少 AMU 的需求和促进养蜂业可持续发展至关重要。这最终不仅会保护蜜蜂，还能保护蜂巢周围的生态系统、人类健康和环境。

此外，当需要使用抗微生物药物来治疗临床病例时，根据说明书负责任地使用抗微生物药物对于控制和治疗蜜蜂疾病至关重要。FAO 及其一些合作伙伴制定了以下准则，为养蜂人提供实用信息。

- **《可持续养蜂业的良好养蜂规范》**（2021 年，英文、西班牙文和中文），为养蜂场的可持续管理提供实用指南；
- **《在养蜂业中负责任地使用抗微生物药物》**（2021 年，英文、法文和西班牙文），并附有主要蜜蜂疾病和控制措施的临床实例；
- **《非洲小规模养蜂人良好养蜂规范视觉手册》**（2021 年，英文、法文和斯瓦希里语），一份关于可持续养蜂的实用文件；
- **《良好的养蜂规范：关于如何识别和控制蜜蜂主要疾病的实用手册》**（2020 年，英语、克罗地亚语和阿尔巴尼亚语）

FAO 与包括国际养蜂人协会联合会（Apimondia，该联合会与 FAO 共同组织了 2021 年和 2022 年的世界蜜蜂日活动）、拉齐奥和托斯卡纳动物研究所（IZSLT，FAO 动物卫生和食品安全学科养蜂业、卫生和生物安全参考中心，意大利）和美国阿巴拉契亚州立大学等在内的全球合作伙伴开展了密切合作。2022 年，FAO 与 IZSLT 密切合作，制定了渐进式管理途径 (PMP) 的策略，以支持各国采用循序渐进的可持续养蜂方法管理养蜂业中 AMR 问题。养蜂业 PMP-AMR 将根据 FAO-AMR 行动计划的 5 个目标提供全面的行动框架，以期减少养蜂业对 AMU 的需求和 AMR 在养蜂业中的负担。

行为准则强调在食品动物中谨慎使用抗微生物药物、在食品生产中采取适当的个人卫生和环境卫生做法等原则，以及对人类进行 AMR 监测和监控的重要性，并且 CODEX 行为准则倡导开展国际合作和信息共享，以有效遏制 AMR。通过遵守这些准则，各国可以努力确保食品供应链的安全，并通过最大限度地降低食源性 AMR 向人类传播的风险来保护公众健康。

区域和国家层面的活动

在**非洲、亚洲和太平洋、欧洲和中亚**开展了一系列关于 AMU 模式相关知识、态度和做法的调查。其中，老挝人民民主共和国的调查结果于 2021 年 8 月公布，更好地了解了该国畜牧业使用抗微生物药物的驱动因素和动机。研究结果还有助于形成全国性的 AMR 交流和宣传活动。

在**拉丁美洲和加勒比地区，** FAO 与 WHO 和 WOAH 合作，通过一个由欧盟资助的项目，努力加强动物饲料行业参与遏制 AMR。2022 年 7 月，FAO 在墨西哥城举行的拉丁饲料区域会议上召开了一次公共和私营部门之间圆桌讨论会，题为“遏制含药饲料生产和使用中 AMR 的政策准则：迈向决策”。

在**亚洲及太平洋地区，** 2020 年 9—12 月，在柬埔寨、印度尼西亚和越南开展了评估养猪场谨慎使用抗微生物药物建议措施遵守情况的调查。同时，正在向印度、印度尼西亚和越南提供支持，通过提高对 AMR 和相关使用的认识，降低与水产养殖相关的 AMR 风险。

2022 年 1 月和 3 月，在东南亚举办了两次关于制定国家兽用抗微生物药物治疗指南的系列研讨会，旨在促进制定抗微生物药物治疗指南的区域合作。随后于 2022 年 9 月建立了两个东南亚抗微生物药物治疗指南（家禽和猪）实践社区，汇集了众多国际专家。在社区推动资源、专业知识和经验的共享，其成员也将获得有关如何制定循证和实用指南的技术支持。

2021 年，作为 FAO 与 FAVA 合作的一部分，在药物管理委员会下成立了一个抗微生物药物管理小组委员会。该小组委员会将领导 FAVA 的工作，以促进其在亚洲和太平洋地区的成员组织中开展抗微生物药物管理。

在非洲，尼日利亚、塞内加尔和埃塞俄比亚于 2020 年制定了关于在家禽、生猪、绵羊、山羊和牛产业链中谨慎使用和管理抗微生物药物的指南。200 多名兽医、兽医助理、生物学家、卫生工作者、医生和药剂师接受了正确使用抗微生物药物治疗疾病的培训。

4.5 加强管理配置资源

全球主要工具和活动

对大多数国家来说，最大的挑战不在于制定国家 AMR 行动计划，而在于实施该计划并取得持续进展。2019 年，FAO 启动了“联合国粮农组织—抗微生物药物耐药性—渐进式管理途径”（FAO-PMP-AMR）计划，以应对这些挑战。该计划基于 FAO 和欧洲口蹄疫委员会制定的口蹄疫渐进控制途径（PCP-FMD）。与 PCP-FMD 一样，FAO-PMP-AMR 侧重于通过自下而上的方法和利益相关方积极参与来建立管理能力。

FAO-PMP-AMR 是帮助成员国实施其国家行动计划的指南。这种渐进式方法使具体部门能够逐步改进抗微生物药物的可持续使用和 AMR 管理。这些改进可以从小规模举措开始，逐步发展为重点部门的更广泛行动，并最终发展成为全面的“同一健康”活动，解决全国所有粮食和农业部门的 AMR 问题。通过这种方式，FAO-PMP-AMR 使各国和具体部门能够逐步努力实现抗微生物药物的最佳和可持续使用。

根据 FAO 行动计划，FAO-PMP-AMR 在 4 个关键领域为各国提供援助：提高认识、增强监测能力、发展管理结构、促进谨慎使用抗微生物药物和良好实践。

每个领域都包含 4 个阶段，每个阶段都需要各国采取具体行动才能进入下一个阶段。FAO-PMP-AMR 提供了指南、标准和参考资料，以帮助规划和实施每项活动。

迄今为止，FAO 已帮助 30 个国家将粮食和农业系统 AMR 活动纳入其国家行动计划，并加快实施。

FAO 于 2020 年制定了一套分析粮食和农业部门 AMR 相关法规的方法，以确定粮食和农业部门中直接导致 AMR 的关键监管问题。该方法可以帮助监管机构确定其部门立法和管理结构中的差距和弱点，提高其通过立法更好地解决 AMR 问题的能力。为支持这项工作，FAO 建立了一个 AMR 相关法规和政策的全球资料库（FAO-AMLEX 数据集）。在 MPTF 的支持下，FAO 目前正与 UNEP、WHO 和 WOAH 合作，将法律的评估方法升级为 AMR“同一健康”法规评估工具，以支持各国评估其支持 AMR 工作的法律和制度体系，包括将良好实践制度化。升级后的工具计划在 2023 年最后一个季度推出。

“同一健康”多边资助计划（MUL）于 2021 年 7 月制定，并于 2022 年 5 月获得批准，旨在支持 FAO 的“同一健康”活动，以“同一健康”计划优先领域的 7 个专题部分为基础，取得了 4 项主要成果，AMR 风险管理是其中之一。MUL 将在全球、区域和国家各级实施“同一健康”目标。

案例 8：减少津巴布韦肉鸡产业链中的抗微生物药物使用

在津巴布韦，肉鸡产业链由于其生产方法和消费者对平价家禽产品的高需求，也是导致使用抗微生物药物的一个重要因素。

为了减少产业链中的 AMU，FAO 驻津巴布韦办事处与经过培训的 18 名兽医服务部推广官员合作，使用 Kobo Collect 移动应用程序收集养殖场层面的 AMU 数据，并为在肉鸡产业链中对抗 AMR 制定了一份指导方案，同时推广良好的畜牧业做法。该项指导方案正在由农民田间学校途径实施，并为布拉瓦约、切古图、马龙德拉、马斯温戈、穆列瓦、穆塔雷、穆塔萨和兹文巴等地的家禽养殖户提供了支持。FAO 还从当地农场收集样本，以掌握当地的微生物种类及其对现有 AMR 水平。这对发现 AMU 如何产生耐药性非常重要。

每名推广人员与至少 25 位农民合作，收集用于治疗家禽的抗微生物药物类型、使用频率、数量和生长阶段的数据。在养殖场收集的这些数据是制定肉鸡生产标准和准则的重要一步，这将有助于改善动物和人类健康。这些标准和指南也可以适用于相关产业链。

来自应用程序和农民提供的 AMU 初步数据已经表明，农民对抗微生物药物的使用有所减少且更负责任。

"作为顾问，我不仅收集有关抗微生物药物使用的数据，而且还向农民提供有关何时使用和不使用抗微生物药物，以及应使用哪种抗微生物药物的专业知识。"穆塔萨地区农业技术顾问 Philemon Matsanhura 说。

"这极大地帮助农民减少抗微生物药物的使用，同时提高了生产力，因疾病导致的动物死亡数量也因此而减少。"其中一名从 2014 年开始从事肉鸡生产项目的参与者说，正确使用抗微生物药物，能够减少损失，并打开了一些以前对其关闭的市场。

来自穆塔萨地区奇戈巴村的 Maxwell Nyandiya 说："自从参与 AMR 项目以来，我注意到鸡的健康状况有所改善，抗微生物药物的使用也有所减少，我甚至还向一些农民推荐了我们当地的顾问。""我为自己在减少抗微生物药物使用和改善人类健康和福祉方面发挥的作用感到自豪。"

这种方法加强了政府对整体农业生态系统管理的认识，提高了决策能力，促进了协作和联合行动。该方法还使家禽养殖户能够发展更有效和可持续的生产系统，同时增强其应对 AMR 增加等挑战的能力。

"FAO 帮助津巴布韦在遏制 AMR 方面取得了重大进展。这项数据收集和监测活动是 FAO 在弗莱明基金和 AMR-MPTF 的资助下支持的众多干预措施之一，旨在根据国家目标应对 AMR 挑战"，津巴布韦兽医技术服务司司长 Pious Makaya 说。

区域和国家层面的活动

FAO 通过为期 2~4 天的国内讲习班，帮助各国使用 FAO-PMP-AMR。利益相关方利用 FAO-PMP-AMR 工具，通过显示差距和国家行动计划后续实施步骤的综合性表格来量化其进展。每次讲习班结束后，利益相关方会编写一份评估报告，为该国及其主要部门提供建议，作为重新确定优先事项和缓解 AMR 活动战略规划的基线。迄今为止，FAO-PMP-AMR 已在覆盖 FAO 所有区域的 30 个国家开展。

自 2019 年以来，FAO 支持在非洲、亚洲、欧洲和拉丁美洲超过 25 个国家的粮食和农业部门实施其方法，以修订和更新有关 AMR 和 AMU 的相关立法。2020 年和 2021 年，在挪威的财政支持下，FAO 发布了对玻利维亚国、厄瓜多尔、秘鲁和乌拉圭等多民族国家以及安第斯共同体的国家法律框架分析，还为阿根廷、智利、哥伦比亚、巴拉圭、秘鲁和乌拉圭编写了包括政策和法规方面内容的 AMR 机构协调的报告。

FAO 还支持南部非洲发展共同体国家审查其兽药管理区域模式，并评估其国家层面的执行情况。其他国家，包括亚美尼亚、阿塞拜疆、莫桑比克、坦桑尼亚和津巴布韦，已经启动或完成了对 AMR 相关立法的国家分析。2021 年 5 月，非洲举办了一次关于 AMR 和 AMU 相关法规的虚拟区域研讨会，汇集了 300 多名与会者，包括来自不同部门的专家，确定了与 AMR 和 AMU 相关的法律领域和文书，并讨论了通过国家和区域监管框架应对 AMU 的潜在方案。迄今为止，已在 19 个非洲国家制定和评估了与 AMR 相关的法规，形成了 300 多条法规，这些法规可在《抗微生物药物耐药性法》（AMRLEX）中查阅。

2017 年，FAO 在拉丁美洲和加勒比区域开展的 AMR 活动显示，粮食和农业部门缺乏相关信息。为解决这一问题，在 2019 年至 2021 年，区域中心根据“同一健康”原则开发了“FAO 粮食和农业部门 AMR 风险状况分析工具”（第 2 版）。该工具的目标是在国家层面定性和系统评估动物生产系统（陆生和水生动物）产生的 AMR 对动物和人类健康的风险。

该工具由三部分组成，即数据调查收集、分析所收集信息的方法程序和遏制 AMR 国家路线图的编制说明。该路线图包括根据国家体制及其国家行动计划的特点，指导确定需求和部门行动的优先次序。该工具有西班牙文和英文版本，已在该地区的 10 个国家以及 2 个非洲国家实施。

在 FAO-AMR 行动计划的基础上，FAVA 于 2021 年制定了《2021—2025 年 AMR 战略》(FAVA，2021)。这是一个指导、鼓励和支持公共和私人兽医在本国和更广泛的区域减少 AMR 方面发挥积极主动作用的工具，还概述了兽医协会为帮助兽医专业人员和国家兽医协会创造有利环境而计划采取的行动。

第 5 部分 机遇与挑战：前景展望

粮食和农业部门在应对 AMR 面临着重大挑战，特别是监测系统薄弱、数据质量差、缺乏统一的 AMR 和 AMU 数据，限制了国家层面的数据收集、AMR 和 AMU 数据分析的能力。

此外，为了更有效地应对 AMR，应该重点关注在粮食和农业系统水生和陆生动物健康以及植物保护和生产中应用研究和创新解决方案的问题。许多国家缺乏足够的资源来全面实施 AMR 国家行动计划。与此同时，缺乏政治领导，认识和信息水平低，缺乏国家层面的资源和各级行动的紧迫性仍是持续面临的问题。

另外，仍需继续努力加强全球、区域和国家层面多部门协调和“同一健康”合作能力。遏制 AMR 行动也备受法律和监管框架薄弱因素的制约，其中就包括国家层面强制执行的能力。

FAO 参与 AMR 应对工作，在一定程度上受到了有限资源配置的限制，例如，预算外资金、会员国的捐助、较小程度的技术合作项目。国家和区域层面不仅要给予成员国更多的资源配置，更有利于全球“同一健康”原则应对 AMR，还需要更多地关注监测和报告 FAO 对 AMR 应对措施的贡献，本报告旨在填补这一空白。

应对这些挑战的关键问题包括：① 持续开发应用 InFARM 数据平台，支持 FAO 成员国粮食和农业部门对 AMR 数据的生成和使用；② 进一步减少粮食和农业部门的抗微生物药物使用，加强建设 FAO 成员应用良好生产和管理实践的能力建设，确保抗微生物药物有效管理，使用抗微生物药物的替代品，实施国家行动计划，包括减少粮食和农业系统对抗微生物药物的需求倡议；③ 在 RENOFARM 和 FAO-AMR 法律方法的协助下，进一步加强多部门的“同一健康”协调和实施能力，以保证将粮食和农业领域纳入遏制 AMR 行动的核心。

更广泛地说，未来粮食和农业部门应对 AMR 需要更多更好的证据、更加知情和更广泛地实施干预措施，以减少对抗微生物药物的需求，基于“同一健康”方法，增加资源、提高能力和加强治理，确保利益相关方持续承诺和行动，特别是国家层面的有效参与。这就需要公共和私营部门、科学和发展团体、政府和成员、民间社会和区域集团等各利益相关方更强有力和更广泛的参与（宣传、合作和伙伴关系）。

参考文献

FAO. 2016. *The FAO Action Plan on Antimicrobial Resistance 2016–2020*. Rome https://www.fao.org/3/i5996e/i5996e.pdf

FAO. 2021a. *The FAO Action Plan on Antimicrobial Resistance 2021–2025*. Rome. https://www.fao.org/documents/card/en/c/cb5545en

FAO. 2021b. *Evaluation of FAO's role and work on antimicrobial resistance (AMR)*. Rome. https://www.fao.org/documents/card/en/c/cb3680en

FAO. 2021c. *Animal nutrition strategies and options to reduce the use of antimicrobials in animal production*. Rome. https://www.fao.org/3/cb5524en/cb5524en.pdf

FAO. 2021d. *FAO Strategic Framework 2022–2031*. Rome. https://www.fao.org/3/cb7099en/cb7099en.pdf

FAO & WHO. 2005. *Codex Alimentarius Code of Practice to Minimize and Contain Foodborne Antimicrobial Resistance*. Revised in 2021. Rome and Geneva, Switzerland. https://www.fao.org/fao-who-codexalimentarius/sh-proxy/en/?lnk=1&url=https%253A%252F%252Fworkspace.fao.org%252Fsites%252Fcodex%252Fstandards%252FCXC%2B61-2005%252FCXC_061e.pdf

FAO & WHO. 2011. *Guidelines for Risk Analysis of Foodborne Antimicrobial Resistance*. Revised in 2021. Rome and Geneva, Switzerland. CAC/GL 77-2011. https://www.fao.org/fao-who-codexalimentarius/sh-proxy/en/?lnk=1&url=https%253°%252F%252Fworkspace.fao.org%252Fsites%252Fcodex%252Fstandards%252FCXG%2B77-2011%252FCXG_077e.pdf

FAO & WHO. 2021. *Codex Alimentarius Guidelines on Integrated Monitoring and Surveillance of Foodborne Antimicrobial Resistance. Rome and Geneva, Switzerland.* https://www.fao.org/fao-who-codexalimentarius/sh-proxy/ar/?lnk=1&url=https%253A%252F%252Fworkspace.fao.org%252Fsites%252Fcodex%252Fstandards%252FCXG%2B94-2021%252FCXG_94e.pdf

FAO, WHO, WOAH & UNEP. 2022. *Strategic framework for collaboration on antimicrobial resistance*. Geneva, Switzerland. https://www.who.int/publications/i/item/9789240045408

FAO, OIE, WHO, UNEP & African Union. 2021. *Africa Regional Strategy on Antimicrobial Resistance Communications and Advocacy*. Rome, FAO. https://www.fao.org/antimicrobial-resistance/en/

FAVA (Federation of Asian Veterinary Associations). 2021. *FAVA Strategy to tackle antimicrobial resistance (AMR) 2021–2025: Empowering veterinarians in Asia towards fulfilling their roles on the Global Action Plan on Antimicrobial Resistance (GAP-AMR)*, Bangkok. https://www.favamember.org/wp-content/uploads/2022/10/FAVA-Strategy-to-tackle_booklet_1.pdf

Government of Cambodia. 2019. *Multi-Sectoral Action Plan on Antimicrobial Resistance 2019–2023*. Phnom Penh. https://leap.unep.org/countries/kh/national-legislation/multi-sectoral-action-plan-antimicrobial-resistance-2019-2023

IACG (Interagency Coordination Group on Antimicrobial Resistance). 2019. *No time to wait: Securing the future from drug-resistant infections.* Geneva, Switzerland, WHO. https://www.who.int/publications/i/item/no-time-to-wait-securing-the-future-from-drug-resistant-infections

Murray, C.J.L., Ikuta, K.S., Sharara, F., Swetschinski, L., Aguilar G.R., Gray, A., *et al*. 2022. *Global burden of bacterial antimicrobial resistance in 2019: a systematic analysis*. The Lancet, 399 (10325): 629–655. **https://www.thelancet.com/journals/lancet/article/PIIS0140-6736(21)02724-0/fulltext#%20**

OECD (Organisation for Economic Co-operation and Development). 2018. *Stemming the Superbug Tide: Just a Few Dollars More*. Paris. **https://doi.org/10.1787/9789264307599-en**

United Nations. 2016. Political Declaration of the High-Level Meeting of the General Assembly on Antimicrobial Resistance: draft resolution. New York. **https://digitallibrary.un.org/record/842813?ln=en**

Van Boeckel, T.P., Glennon, E.E., Chen, D., Gilbert, M., Robinson, T.P., Grenfell, B.T., Levin, S.A., Bonhoeffer, S. & Laxminarayan, R. 2017. *Reducing antimicrobial use in food animals.* Science, 357(6358) 1350–1352. **https://doi.org/10.1126/science.aao1495**

WHO. 2015. *Global Action Plan on Antimicrobial Resistance*. Geneva, Switzerland. **https://www.who.int/publications/i/item/9789241509763**

WHO, FAO, WOAH & UNEP. 2021. *Antimicrobial resistance and the United Nations sustainable development cooperation framework: guidance for United Nations country teams*. Geneva, Switzerland. **https://www.who.int/publications/i/item/9789240036024**